알파
하우스를
꿈꾸다

살림집 말고 다른 집
알파하우스를 꿈꾸다

1판 1쇄 발행 | 2016년 9월 5일
1판 2쇄 발행 | 2017년 6월 30일

지은이 임창복, 임동우

펴낸이 송영만
디자인 자문 최웅림

펴낸곳 효형출판
출판등록 1994년 9월 16일 제406-2003-031호
주소 10881 경기도 파주시 회동길 125-11(파주출판도시)
전자우편 info@hyohyung.co.kr
홈페이지 www.hyohyung.co.kr
전화 031 955 7600 | **팩스** 031 955 7610

값 16,000원

이 도서의 국립중앙도서관 출판예정도서목록(CIP)은 서지정보유통지원시스템 홈페이지
(http://seoji.nl.go.kr)와 국가자료공동목록시스템(http://www.nl.go.kr/kolisnet)에서
이용하실 수 있습니다.(CIP제어번호: CIP2016019750)

건축가 아버지와 건축가 아들의
밤잠 못 이룬 나날의 기록

살림집 말고
다른 집

알파
하우스를
꿈꾸다

임창복·임동우 지음

효형출판

Alpha House

Alpha House

© 신경섭

Alpha House

Alpha House

© 진효숙

Alpha House

Alpha House

프롤로그

일과 휴식을 위한 새로운 공간을 꿈꾸다

임창복(이하 임교수) 청평에 집을 하나 지었다. 퇴직 후, 오랜 고민 끝에 전원에서의 '일과 휴식' 그리고 '문화 활동이 있는 삶'을 꿈꾸며 아들과 함께 마련한 집이다. (나 역시 건축가니 아들의 부담이 만만치 않았을 것이다.) 택호도 두 개다. 나는 내 호를 따서 수헌정樹軒亭으로, 아들은 리닝하우스(Leaning House, 기울어진 집)로 부른다.

수헌정은 도시에서 흔히 보는 주택과는 다르고, 근교에 세워진 전원주택과도 차이가 있다. 이름이야 어떻게 부르든 이 집을 계획하면서 전원에서 휴식을 즐기는 동시에 일과 문화 활동도 할 수 있기를 기대하였다.

도시에서는 보통 일터와 삶터가 분리되어 있다. 직장에서 일을 마친 후 집에 돌아와 내일을 위한 재충전의 시간을 보내는 게 도시인의 일상이다. 그런데 도시의 삶터를 장악한 아파트가 휴식에 적합한 공간일까. 일을 해야 하는 평일은 그렇다 하더라도 휴식을 취해야 하는 주말까지 아파트에 머문다는 것은 답답한 생활의 연속이다. 내부적으로는 개인 공간이 부족하고 외부적으로는 이웃과 교유하기 어려운 공간 구조가 답답함에 한몫한다.

휴식은 도시 내에서도 취할 수 있지만 사는 곳에서 어느 정도 벗어나야 충족되는 측면도 있다. 일부 선진국에는 널찍한 마당이 있는 단독주택에 살면서도 주말이면 교외의 코티지cottage를 찾는 사람들이 많다. 생활공간에서 온전한 휴식을 취하는 데 한계가 있는 것이다.

생활공간에서 할 수 있는 일이나 취미 활동도 있지만 그러기엔 영 어색한 것도 있다. 화가나 저술가가 아파트에서 창작 활동을 하는 걸 상상해보자. 아파트라는 공간이 그들의 상상력을 가둘 수도 있으리란 생각까지 든다. 조선 시대 선비들이 정자를 갖고 싶어 했던 것도 비슷한 이유가 아닐까. 사랑채를 두고도 선비들은 휴양, 친교, 학문을 위해 본가에서 떨어져 나와 풍광이 수려한 곳에 따로 공간을 마련하곤 했다. 생활공간에서는 휴식도 몰입도 쉽지 않기 때문이다.

최근에는 전원에 작업과 휴식이 가능한 자신만의 공간을 지어 개성 있는 삶을 살아가는 사람들이 늘어나고 있다. 양평이나 가평, 헤이리 등지에 가면 작업 공간이 딸린 집이 많다. 전시 공간, 음악 감상실 등을 만들어 열린 공간으로 운영하기도 한다. 또 다른 예로는 일부 연예인들의 제주도행을 들 수 있다. 어떤 연예인은 제주도에 내려가 텃밭을 가꾸면서도 한편에 녹음실을 만들어 음반 작업을 한다고 한다. 또 어떤 이는 제주도에서 인터넷으로 일을 하면서 필요에 따라 뭍으로 나와 다른 일들을 처리하기도 한다. '일'의 개념이 과거와는 많이 달라졌기에 가능해진 현상이다. 젊은 층에서는 일을 '회사에 취직하여 돈을 버는 행위'보다 '자신이 원하고 추구하는 것을 통한 경제 활동'으로 인식하는 경우도 많아지고 있다. 이들에게 '일'은 특정 시간에 특정 공간에 가야 할 수 있는 것이 아니라 일상에 그대로 녹아 있는 것이다. 따라서 이들에게는 일하는 시간과 휴식하는 시간 혹은 일하는 공간과 휴식하는 공간이 명확히 구분되지 않고 서로 섞여 있다.

집이라고 하면 보통은 한 가구가 사는 '살림집'을 당연하게 떠올린다. 그러다 보니 전원에 나와서도 아파트 공간을 답습하여 집을 짓고는 한다. 그러나 자신이 좋아하는 일이나 취미를 마음껏 향유할 수 있는 개성 있는 집, 자연스러운 만남이 이루어지는 열린 집을 마련하면 삶은 더욱 풍성해질 것이다. 소득 수준이 높아지고 가족 형태가 급변하며 새로운 라이프 스타일을 추구하는 오늘날이야말로 다양한 삶의 방식에 맞는 각자의 공간을 고민해야 할 때다.

제3의 공간이 필요하다

도시사회학자 레이 올덴버그(Ray Oldenburg)는 행복해지려면 '가정'과 '일터' 외에도 '제3의 공간'이 필요하다고 주장한다. 집에도 음식과 커피가 있지만, 우리가 카페나 레스토랑에 가는 이유는 그 공간에서 친구들과 분위기를 즐기며 편하게 이야기할 수 있기 때문이다. 그러나 소비문화와 직접 연결된 공간에서 할 수 있는 활동엔 제약이 있기 마련이다. 가끔은 다른 사람 눈치 보지 않고 시간을 보낼 수 있는 공간이 필요할 때도 있는 것이다.

집에서도 문화를 즐기자는 취지에서 시작된 '집들이 콘서트'의 유행 역시 같은 맥락에서 이해할 수 있다. 평소 알고 지내는 어느 작곡가는 자신의 집에서 가곡을 발표하고 노래를 지도하기도 한다. 요즘 주변을 보면 은퇴 후 그림을 그리거나 악기를 배우는 사람이 제법 많다. 이들이 모두 정식 전시나 공연을 염두에 둔 건 아니다. 집같이 편안한 공간에서 가까운 사람들을 초대해 발표회를 여는 것만으로도 커다란 즐거움이 될 수 있다.

그런데 아파트 같은 살림집 공간에서는 이런 활동을 하기 어려운 게 사실이다. 카페 사장님이나 손님들 시선을 피해 집으로 들어온 후에도 이웃 눈치를 봐야 하기 때문이다.

가까운 이들끼리 편하게 모여 공동의 관심사를 논의하거나 문화, 예술을 즐기는 공간을 바라는 목소리가 커지고 있다. 그러나 개별 가족의 프라이버시를 우선하는 아파트 공간에서는 그러한 교류를 이끌어내기가 어려울 수밖에 없다. 국민소득 3만 달러 시대에 출퇴근하며 매일 아파트에서 잠만 자는 단조로운 생활로는 만족하기 어렵다. 일, 휴식과 함께 문화생활도 할 수 있는 제3의 공간을 꿈꾸며 마련한 새로운 성격의 집이 바로 수헌정이다.

부자 건축가가 함께 집을 짓다

제3의 공간에 적합한 집을 짓기 위해서 노심초사 고민을 많이 했다. 참조할 사례가 그리 많지 않았기 때문이다. 아름다운 집은 많았지만 무슨 활동을 꿈꾸며 어떤 목적으로 마련한 집인지는 알기 어려웠다. 단순히 규모나 방의 개수가 중요한 게 아니었기에 '전원에서 어떤 생활을 원하는지'를 계속 자문했다.

아들과 함께 프로그램을 구상하였지만 막상 설계하며 짓는 과정에서 적지 않은 진통이 있었다. 나는 '건축주'로 아들은 '건축가'로 역할을 정하고 시작했음에도 '최종 결정을 누가 하느냐'를 두고 옥신각신했다. 원론적으로 보면 전문가의 의견을 따라야겠지만 나 역시 전문가다 보니 중요한 과정에서 양보하기 어려울 때도 많았다. 건축주로서의 고집 때문만이 아니고 이 집을 오랫동안 관리하며 지내야 할 사람이기 때문이다.

아들도 전문가로서의 고집이 만만치 않았으니 건축적 사안이 있을 때마다 부딪친 것도 당연했다. 그때마다 되도록 젊은 건축가의 미숙함은 덮어주고 감각과 패기는 존중하려 했다. (물론 내가 비용을 대는 입장이고 건축가가 아들이다 보니 마음에 안 드는 의견은 무시하고 싶을 때도 있었다.) 서로가 너무 틀에 얽매이지 않고 집에 대한 '꿈'을 공유하려 노력했고, 무엇보다 아내가 중재자로서 큰 역할을 해주었기에 크고 작은 갈등을 극복할 수 있었다.

집을 지어보고 나니 이제는 집이라고 다 같은 집은 아니라는 생각이 든다. 우리가 살고 있는 아파트는 건설사가 일방적으로 설계한 공간으로 주인은 그저 자신의 부담 능력에 따라 크기만을 선택하는 경우가 대부분이다. 전원주택인들 상황이 크게 다르지는 않다. 집주인은 공간의 주체라기보다 기성품을 고르는 소비자에 가깝다. 집에 대한 요구가 단순할 때에는 큰 문제가 없을지도 모른다. 그러나 개인의 문화적 욕구나 삶의 가치가 구현되는 주거 공간을 마련하는 태도로는 어딘가 부족해 보이는 게 사실이다. 자신에게 맞는 공간을 그려보고 현실로 구체화하는 데 익숙하지 않은 까닭에 집을 지은 이야기는 넘치지만 어떤 집을 지어야 하고, 왜 그런 형식으로 집을 지어야 하는지에 대한 이야기는 듣기 어렵다.

이 책에서 무결점에 도달한 하나의 작품으로 수헌정을 소개하려는 것은 아니다. 세상에 그러한 작품이 어디 있겠는가. 이 책은 자신이 원하는 공간을 구현하고자 할 때 어떻게 꿈꿀 수 있고, 이를 어떻게 실현해갈 수 있는지 보여주는 하나의 사례로서 수헌정을 소개할 뿐이다. 수헌정을 지으며 고민한 부분을 읽다 보면 독자는 나름대로 자신만의 '알파'를 구상해볼 수 있을 것이다. 어떤 사람에겐 독서가 중요하고, 또 누군가에겐 바둑 같은 취미 활동이 중요할 것이다. 아마추어지만 그림을 그리는 스튜디오가 필요한 사람도 있을 것이다. 독자들이 자신의 알파가 무엇인지를 찾아내고, 그것을 어떻게 집이라는 공간으로 담아낼 수 있는가를 보여주려는 게 이 책의 목적이다. 개성 있는 공간에서의 일과 휴식을 꿈꾸는 이들에게 새로운 주거 공간을 어떻게 이끌어낼 수 있는지 보여주는 구체적인 안내서가 될 수 있기를 바란다. 그리고 대학에서 주택 건축을 공부하는 젊은이들에게는 주거 공간이 갖는 문화적 의미를 이해함으로써 단순한 기능의 논리에서 벗어나는 기회가 되기를 기대해본다.

알파하우스는 '어떻게 사느냐'를
보여주는 집이 될 것이다.

1

알파하우스의
시대

다양성의 사회
그리고 알파하우스

임동우(이하 임소장) 최근 들어 아파트 부동산 시장이 심상치 않다. 미분양 아파트가 점점 더 늘고 있고, 매물로 나온 아파트도 잘 팔리지 않는다. 주택 보급률이 100퍼센트를 넘어선 상황이니 어찌 보면 당연한 현상인지도 모른다. 그렇다고 사람들이 새로운 주거 공간을 찾지 않는 것은 아니다. 1인 가족이 늘어나고, 가족의 단위가 점점 작아짐에 따라 주택 수요는 지속적으로 증가하고 있다. 단지 아파트를 찾는 사람의 비율이 과거만큼 높지 않은 것이다.

별다른 질문 없이 아파트에 살던 사람들이 이제는 대안 주거 형식을 찾고 있다. 아파트가 더 이상 투자물로서 매력이 크지 않기 때문이다. 이전만큼은 아니지만 중앙정부나 지방정부 할 것 없이 여전히 아파트 단지 개발을 부동산 대책으로 내세우고 있고, 대형 건설사들도 아파트 건설을 포기하지 못하는 형국이다. 한국 경제의 많은 부분이 건설 경기에 의존하고 있고, 건설사로 불리지만 실제로는 개발사에 가까운 대형 건설사들의 수익 구조 역시 대규모 아파트 개발에 치중되어 있기 때문이다. 하지만 부동산 시장의 판세는 이미 변화하기 시작했다. 수요자의 욕구가 변했기 때문이다.

Alpha House

평양의 건축을 연구하며 『평양 그리고 평양 이후』를 집필한 관계로 지난 몇 년간 강연을 자주 다녔다. 이색적인 주제다 보니 청중들의 반응도 다양한데 "북한의 아파트와 한국의 아파트가 달라 보이지 않는다", "한국의 아파트가 오히려 사회주의식 산물 같아 보인다"는 반응이 가장 기억에 남는다. 날카로운 지적이다.

1960년대부터 지난 50여 년간 서울에서만 약 300만 호의 아파트가 공급되었다. 한 가구를 4인으로 계산하면 1200만 명에게 아파트를 공급한 것이다. 인류 역사상 가장 놀라운 도시화 중 하나일 것이다. (중국이 없었다면 거의 유일한 도시화의 역사라고 해도 좋았을 것이다.) 그만큼 획일화된 주거 형식이 공급되었다는 뜻이다. 그동안 다양한 아파트 평면을 연구하고 공급한 건설사 입장에서는 억울한 표현일 수 있지만, 건축 유형으로 보면 한국의 아파트는 '획일화의 산물'이다.

지난 50여 년간 도시의 풍경뿐만 아니라 우리의 삶을 지배해온 획일화된 아파트 © Francisco Anzola

혹자는 이 획일화가 한국 문화의 일부분이라 하고, 혹자는 아파트를 가치가 변동하는 상품으로 인식한 결과라고 이야기한다. 둘 다 맞는 말이다. "모난 돌이 정 맞는다"는 속담이 있을 정도니 튀는 사람, 튀는 옷, 튀는 자동차, 튀는 집을 가지면 뒤에서 욕을 먹기 십상이다. 개인적인 성향에 맞는 특색 있는 집보다는 대다수에게 어필할 수 있는 무난한 집이 '매매'에 유리한 것이다. 독특한 스포츠카보다는 평범한 중형차가 중고차 시장에서 더 인기 있는 것도 마찬가지다. 결국 가치 상승을 기대하고 사는 상품으로서의 아파트는 획일적일수록 좋은 것이다.

하지만 이제 한국 사회는 다양성의 사회로 나아가고 있다. 개성이 그 어느 때보다도 존중되며 다양한 의견과 다양한 문화가 공존하는 사회로 체질이 변하고 있다. 또한 새로운 세대는 부의 축적보다는 지속적인 부의 생산과 소비에 관심이 많다. 베이비붐 세대는 부를 축적하여 자식들에게 물려주기 위해 노력했다면, 이후 세대는 본인이 소비할 정도의 부만 생산하는 것에 관심이 많다. 이러한 흐름은 당연히 주택 시장의 변화를 가져온다.

지난 반세기 동안 자신에게 필요한 주거 형식보다는 남들에게 어필할 수 있는 획일화된 주거 형식이 인기가 있었다면, 점차 사람들은 자기에게 맞는 주거 형식을 적극적으로 찾고 있다. 최근 인기를 끌고 있는 협동조합형 셰어하우스나 땅콩주택 등은 아파트를 선호하던 세대 입장에서 보면 전혀 이해할 수 없는 주거 형식이지만, 새로운 세대는 이러한 대안 주거 형식을 반긴다. 1인 가족으로 서울의 작은 아파트에서 살다가, 다른 이들과 함께 셰어하우스를 지어 이사할 예정인 지인이 있다. 직접 셰어하우스를 기획, 개발 운영하는 친구도 있다. 일 년이 채 되지 않아 두 개의 셰어하우스가 성공하였고 벌써 세 번째 셰어하우스를 기획한다고 한다.

하지만 이미 절반 이상의 인구가 (서울을 비롯한 도시에서는 더 높은 비율의 인구가) 아파트에 살고 있는 현실에서 지금 당장 아파트를 포기하고 새로운 주거 형식으로 이동한다는 것은 쉽지 않다. 그 과정이야 어쨌건 인구의 절반 이상이 아파트를 선택한 데는 장점이 있기 때문이다. 접근성, 편의 시설, 안전 등의 이유로 많은 이가 아파트를 선호하고 이미 아파트에 살고 있다. 다시 말하면, 단순히 상품으로서의 투자 가치만이 아파트의 장점이 아니라는 것이다. 그렇다면 다양성이 중요해지는 사회 변화에 어떻게 대응하는 것이 맞는가? 아파트를 완벽히 대체하는 것이 불가능하다면, 현재 주 거주 공간인 획일적인 아파트와 새롭게 부상하는 다양성은 어떻게 공존할 수 있을 것인가?

'제3의 공간'으로서의
알파하우스

점점 중요해지는 개인의 다양성에 대응하기 위해 건설사에서 전략을 세우지 않은 것은 아니다. 몇몇 건설사에서 '알파룸'이라는 용어를 사용하며, 기존의 방과 구분되는 '규정되지 않은' 자투리 공간을 적극적으로 마케팅에 활용하는 것을 볼 수 있다. 애매하게 남는 공간을 자투리 공간으로 칭하면서 마치 덤으로 얻는 공간처럼 느끼도록 홍보하는 것이다. 수학에서는 특정한 값이 정해지지 않은 변수의 의미로 '알파값'이라는 표현을 쓰는데, 위의 알파룸 역시 '정해지지 않은'의 의미로 보는 게 더 타당할 것이다.

아파트의 알파룸은 취미 공간으로 사용할 수도 있고, 아이들의 놀이 공간 또는 홈오피스로 사용할 수도 있다. 그동안 획일적으로 공간을 구성해오던 아파트에서도 다양성 혹은 개인성을 추구하는 시도가 나타나기 시작한 것이다. 서양에서는 이와 같은 공간을 den이나 bonus room으로 부른다. (법적으로 bedroom은 반드시 외기로 면한 창문이 있어야 한다.) 이 공간은 보통 구석에 있고 창문이 없는데, 거주자가 원하는 대로 사용할 수 있도록 가능성을 열어놓는다. 월세가 살인적인 보스턴에 지낼 때 머무른 집에도 이러한 공간이 있어 룸메이트와 함께 생활할 수 있었다. 이전에 거주했던 사람은 이 공간을 홈오피스와 드레스룸으로 사용했었다.

사실 주택에서는 '덤'의 공간을 쉽게 찾아볼 수 있다. 서양에서는 용도에 따라 shed, in-law shed, garden room 등으로 부른다. 집 뒷마당에 있는 shed는 창고 용도로 사용하기 위한 작은 공간인데, 사용자의 필요에 따라서 작은 공부방이 되기도 하고, 게스트하우스가 되기도 한다. in-law shed는 뒷마당에 게스트룸으로 짓는 덤의 공간이다. 손님이 자주 찾지 않는 집에서는 취미 공간이나 아이들의 놀이 공간으로 사용하기도 한다.

한국의 전통 건축에서는, 물론 초가삼간이 아니라 양반들의 주택에서는 정자가 종종 사용되었다. 아직도 서양인들의 눈에는 낯설기만 하다는 정자는 독서, 휴식, 풍류, 사교 등 다양한 활동을 담아내던 '알파'공간이었다.

아파트가 주된 주거 형식이 되기 이전에는 주택에 '제3의 공간'인 알파공간이 늘 존재했다. 이 공간이 아파트라고 하는 제한된 도시 주거 형식에 들어오면서 서양에서는 den으로 최근 한국의 아파트에서는 알파룸으로 변환된 것이다. 주택에서 나타나는 독립된 공간이건, 아파트에서 보이는 자투리 공간이건 간에, 알파공간은 주거 생활을 다양하고 풍요롭게 해주는 가능성을 제공한다.

프롤로그에서도 언급한 제3의 공간을 집 안에서 구현하려는 노력으로 볼 수도 있다. 올덴버그는 저서 『The Great Good Place』에서 건강한 삶을 위해서는 집과 일터 이외에도 카페나 바 같은 제3의 공간이 있어야 한다고 주

1 bonus room이 딸린 보스턴의 아파트 평면

2 일본 동경 시노노메 뉴타운의 알파룸 사례.
단지 입구에 마련해서 편의 시설로 사용한다.

3 일본 동경 미나미오사와의 아파트 앞에 위치
한 알파룸 사례

4 일본 타마 뉴타운의 알파룸 사례. 1층에 돌출
되어 있어 주민들과의 교류가 용이하다.

Alpha House

장하였다. 뚜렷한 목적이 있는 집이나 일터뿐만 아니라, 여가를 즐길 수도 있고 사람들을 만나 친목을 다질 수도 있는 공간이 있어야만 정신적으로 건강해질 수 있다는 의미다.

이 개념을 잘 활용한 기업이 스타벅스다. 스타벅스가 내걸었던 캐치프레이즈인 'Third Place'는 아직도 수많은 사람들을 스타벅스로 끄는 요소다. 커피 맛이 특출하지 않음에도 전 세계 수많은 사람들이 스타벅스를 찾는 이유는 '공간' 때문이다. 일반적인 테이크아웃 카페와는 달리 공부하고, 모여서 수다 떨고, 책을 읽을 수 있는 공간을 제공함으로써 사람들은 집과 일터 이외의 공간에서 시간을 보낼 수 있게 된 것이다. (나도 지금 이 글을 스타벅스에서 쓰고 있다.) 이제는 많은 카페들이 스타벅스를 벤치마킹하며 비슷한 문화를 만들어가고 있지만, 제3의 공간을 캐치프레이즈로 처음 내걸었던 스타벅스의 파급력은 따라가기 힘들어 보인다.

스타벅스는 제3의 공간을 지향하며 기존의 테이크아웃 카페와는 다른 분위기를 연출한다.

규정되지 않은
공간의 가능성

정자, den, shed, 제3의 공간 등 여러 단어로 이야기하고 있지만, 결국 현대인들에게 중요한 것은 자신의 필요에 따라 규정할 수 있는 빈 그릇 같은 공간이다. 크기가 중요한 것이 아니라 그러한 공간의 유무가 중요한 것이다. 다양성이 증가하는 시점에서 우리에게 필요한 공간은 개인의 개성을 담아낼 수 있는 곳이다. 이러한 변화의 연장선에 '알파하우스'가 있다.

현재 주된 주거 형식인 아파트와 다양성의 요구는 한국의 도시와 주거 문화가 고민해야 하는 문제다. 단순히 아파트를 '악'으로 규정할 게 아니라, 아파트를 인정하고 그 위에 어떠한 가능성을 모색할 수 있을지 살펴보아야 한다. 이 책에서는 제3의 공간이 될 수 있다는 뜻에서 제3의 집, 일반적인 집과 다르게 기능이 하나로 규정되지 않은 집으로서의 '알파하우스'를 소개하고자 한다.

이미 우리나라 아파트에서는 새로운 공간의 가능성을 모색하는 시도로 '알파룸'이 등장했다. 그렇다면 이 개념이 더욱 확장되어 이전의 정자나 in-law shed처럼 주거 공간에서 독립하여 적극적으로 구현될 수는 없을까.

Alpha House

현재 살고 있는 아파트의 편리함을 포기하지 않고도, 나의 필요에 따라 구성하고 점유할 수 있는 공간을 가질 수는 없을까. 이 질문에 대한 답은 사람마다 다를 수 있다. 누군가에게는 동네 카페나 선술집이, 누군가에게는 학교 시설이나 구립 도서관이 충분할 수도 있다. 하지만 또 누군가에게는 그보다 더 적극적인 공간이 필요한 것도 사실이다.

소비 행위와 연결되지 않은 곳에서 조용히 그림을 그리거나 사람들과 담소를 나누고 또 함께 음식을 만들어 나눠 먹고 싶어 하는 사람들도 있다. 아주 특별한 행위가 아님에도 현대의 도시, 특히 한국의 아파트라는 주거 형식과 소비 공간들이 배경이 되기에는 어딘가 부적합하고 불편해 보인다.

그렇다면 왜 '알파하우스'인가. '알파'는 '규정되지 않은' 공간이라는 의미에서 사용한 단어이다. 그러면 왜 '하우스'인가. 우리는 흔히 하우스를 집으로 받아들이지만 '여러 사람이 목적을 갖고 모이는 장소' 혹은 '어떠한 공간을 담고 있는 곳'으로 하우스를 생각해보면 좋겠다. 다시 말하면, 알파하우스는 '규정되지 않은 공간을 담고 있는, 사람들이 모일 수 있는 곳'으로 해석할 수 있고, 이 규정되지 않음은 '사람'들이 채워갈 수 있는 것이다.

사실 알파하우스가 생소한 개념은 아니다. 2000년대 파주 헤이리 예술마을이 건축계 내, 외부에서 굉장한 반향을 일으켰다. 헤이리 예술마을은 15만 평 정도의 부지에 음악인, 미술가, 작가 등 다양한 분야의 예술가들이 작업, 전시, 주거 공간을 함께 꾸민 예술인 마을이다. 지금은 유명한 관광지가 되어 헤이리의 분위기가 예전 같지 않다지만, 이 마을에 가면 알파하우스의 개념에 가까운 공간들을 종종 볼 수 있다. 헤이리의 인기 장소 중 하나인 카메라타도 알파하우스의 개념으로 설명할 수 있다.

우리에게 방송인으로 익숙한 황인용 씨의 카메라타는 주거만을 위한 공간이라기보다는 사람들과 어울려 음악을 감상할 수 있는 문화 공간이 함께 있는 알파하우스다. 물론 카메라타는 음악 감상 공간과 주거 공간이 철저히 분리되고 규모도 상당하여 주상복합건물로 보는 편이 맞겠지만, 그 이면에는 음악을 사랑하는 건축주가 어떻게 하면 더 많은 사람들과 함께 음악을 매개로 교류할 수 있을까 하는 꿈이 반영되었을 것이다. 이는 도심의 아파트에서는 상상도 할 수 없는 풍경이며, 요즘 유행하는 흔한 LP 바와도 구분된다. 카메라타에서도 소비 활동이 일어나지만, 기본적으로 이곳은 '음악 감상실'이고 음악을 사랑하는 사람들이 교류하는 공간이지, 소비를 위한 공간에 배경 음악이 깔리는 것은 아니다. 규정되지 않은 공간을 채우는 것은 음악이 될 수도, 미술이 될 수도, 서너 명이 될 수도, 열댓 명이 될 수도 있다. 중요한 것은 다양성을 품을 수 있는 공간이 우리에게 얼마나 있는가이다.

알파하우스가 서울 근교에서만 가능한 것은 아니다. 얼마 전 아버지 친구분이 고향 산청에 손수 집을 지으셨다. 남명문학관이라 이름 짓고 동네 초등학생들을 대상으로 독서실을 운영하신다. 1층은 살림 공간이고 2층에 독서실을 꾸몄는데 서울에서 친구들이 오면 이곳을 게스트룸으로 쓴다. 서울에 아파트라는 살림 공간은 남겨둔 채 고향에 내려가 보람 있는 일을 할 수 있는 제3의 공간을 마련해둔 셈이다.

1 헤이리 소재 카메라타 전경
2 카메라타의 내부 음악 감상실
3 진입구의 왼쪽은 주택이고 오른쪽은 음악 감상실이다.
4 산청군 남명문학관 외부 전경
5 2층은 동네 아이들을 위한 독서실로 꾸몄다.

주말 주택 Vs 알파하우스

알파하우스는 이미 우리 사회에서 전원주택의 한 유형으로 조금씩 자리를 잡아가고 있다. 굳이 전원주택 유형 중 하나라고 표현한 이유는, 그동안 알파하우스 이외에도 여러 형태의 전원주택이 있었기 때문이다. 전원주택 하면 '별장'이 가장 먼저 떠오를 것이다. 사실 전원주택이라는 단어가 친숙해지기 전부터 별장은 익숙하게 들어오던 말이다. 이는 단어에서도 함축하고 있듯이 특별한 계층만이 전유하던 주택 유형으로 볼 수 있다. 비록 일 년에 서너 번만 방문할지라도 물 좋고 공기 좋고 경치 좋은 곳에 지어놓는 것이 흔히 얘기하는 별장이었다. 소득 수준이 올라감에 따라 특정 계층의 전유물이었던 전원주택이 점차 많은 사람들에게 가까워졌다. 실제로 도시 생활에 지친 많은 사람들이 전원에 집을 마련하면서 '전원주택'이라는 말이 더 이상 우리에게 생경하지 않게 되었다. 현실적으로 도시 생활을 완전히 접기는 힘든 사람들에게는 '주말 주택'이라는 형식으로 차용되었고, 세컨드하우스를 소유하기 힘든 사람들에게는 '펜션'이라는 형식으로 소비되었다.

알파하우스는 그동안 변화해온 전원주택의 형식과 소비 방식에 새로운 트렌드를 추가한다. 기존의 별장, 전원주택, 주말 주택, 펜션 등이 단기건 장기건 '주거'의 목적이 강했던 것과는 다르게 알파하우스는 또 다른 목적과 기능을 중시한다. '알파'가 꼭 집주인의 직업과 연결되는 건 아니다. 물론 미술가에게는 작업 공간과 전시 공간이, 작곡가에게는 레코딩 공간이 필요하겠지만 요즘은 만인이 취미를 갖고 수준 또한 높다.

알파하우스는 이를 수용해줄 수 있는 공간이다. 알파하우스의 필요성은 아파트가 한국의 주된 주거 형식이라는 사실과 무관하지 않다. 특히 서울에서는 60퍼센트가 넘는 사람들이 아파트에 사는 것으로 나타나는데, 아파트는 브랜드나 준공 시기를 떠나 제한된 공간을 제공할 수밖에 없다. 대량으로 공급되는 아파트에서 각자의 기호에 따른 특징적인 공간을 원한다는 것은, 패스트푸드 체인에 가서 셰프의 요리를 찾는 것만큼이나 얼토당토않은 요구다.

기존의 전원주택이 도심의 주거 형태 혹은 아파트에서는 제공할 수 없는 자연의 경험이나 풍경을 제공하는 데 초점을 맞추었다면, 알파하우스에서는 이와 더불어 좀 더 다양한 공간의 가능성을 제공하는 데 초점을 맞춘다. 대형 스크린으로 영화를 볼 수 있는 공간을 제공할 수도 있고, 도예 작업을 하는 공간을 구성할 수도 있으며, 작은 리셉션이나 강연을 열 수 있는 공간을 만들 수도 있는 것이다. 다시 말하면, 알파하우스는 이곳에서 할 수 있는 '액티비티'에 무게를 둔다.

'수헌정'도 액티비티에 무게를 두고 있다. 대학 강단에 오래 계시던 부모님은 은퇴 후에도 지인들과 함께 작은 세미나나 워크숍을 열기를 원하셨는데 이것이 수헌정의 가장 중요한 액티비티다. 아파트에 10~20명을 초대하여 워크샵을 진행한다는 것은 상상하는 것만으로도 이미 피곤해진다. 하지만 이러한 액티비티가 40평이 채 안 되는 수헌정에서는 일어나고 있다.

우리 부자가 모델로 삼은 글래스 하우스Glass House에서도 비슷한 활동이 일어났다. 뉴욕에서 활동하던 건축가 필립 존슨(Philip Johnson, 1906~2005)은 뉴욕에서 한 시간 정도 떨어진 곳에 자신만의 캠퍼스를 만든다. 이곳에는 그가 살던 글래스 하우스를 비롯하여 직접 설계한 갤러리, 게스트하우스, 미술품 수장고 등 여러 실험적인 건축물들이 들어서 있다.

글래스 하우스는 건축적으로도 매우 중요하고 유명한 작품이라 많은 이야깃거리가 있겠지만, 내가 주목하는 건 글래스 하우스의 살롱 문화Salon Culture다. 살롱 문화란 사적인 만남을 넘어 다양한 분야에 관한 이야기와 토론이 오가는 만남을 의미하는데, 필립 존슨과 그의 파트너이자 예술품 수집가 데이비드 휘트니는 글래스 하우스에 건축가, 예술가 들을 초대하여 살롱 문화를 만들어나갔다. 뉴욕에서 그다지 멀지 않은 위치와 외부인이 와도 '남의 집'에 와 있다는 생각이 들지 않게 하는 평면 덕에 살롱 문화가 발달한 듯하다. 다시 말하면, 남의 집 거실에 들어와 있는 느낌을 주는 공간보다는 자연 속 라운지 같은 느낌을 주는 공간에서 살롱 문화가 더 깊어질 수 있는데, 글래스 하우스는 이를 염두에 두고 공간을 구성한 것으로 보인다.

'어떻게 살 것인가'를
보여주는 공간

혹자는 알파하우스가 꼭 필요한 것인지, 낭비는 아닌지 질문할 수 있을 것이다. 주택 공급률은 이미 100퍼센트를 넘었지만 자가 주택 비율은 그에 미치지 못하는 우리나라의 현실상, 자연스러운 반응이다. 또한 누군가에게는 '절박한' 고민이 아니라 '사치스런' 고민으로 비춰질 수도 있다. 하지만 반대로 '과연 모든 국민이 획일적인 공간에 살도록 하는 게 맞는가'라는 질문을 할 수도 있지 않을까.

알파하우스는 사회의 현상과 변화를 대변하는 하나의 주택 유형이다. 자신만의 알파공간을 카페 등에서 찾을 수도 있고, 자신의 아파트에서 알파룸을 만들 수도 있고, 더 나아가 알파하우스를 가질 수도 있는 것이다. 꼭 알파하우스여야 할 이유는 없다. 하지만 누군가에게는 알파하우스가 더 필요할 수도 있다. 서울의 아파트 3.3제곱미터당 평균 가격이 2000만 원을 넘었다고 한다. 부동산에서 단순한 계산이 성립할 리 만무하지만 40평에 살던 노부부가 자녀들이 출가한 이후에 25평으로 이사하면, 3억 원이라는 돈이 생긴다. 알파하우스를 짓는 데 충분한 예산이다. 한 달에 한두 번 문을 열어볼까

말까 하는 방을 두어 개씩 갖고 있는 것이 낭비인가, 알파하우스를 마련하는 것이 낭비인가. 단순히 경제적인 관점을 벗어나, 과연 어떤 것이 더 풍족하고 여유로운 삶일지 고민해보자.

우리는 100세 시대를 맞아 노년 인구가 앞으로 어떠한 활동을 할 수 있을 것인가에 대해 늘 이야기하면서도 그것을 담아낼 수 있는 공간은 잘 고민하지 않는다. 60세에 은퇴를 하고도 자그마치 40년 동안 사람들을 만나고, 취미를 즐기며, 사회생활을 하게 된다. 이를 담아내는 공간이 20~30대를 위한 공간과 같을 수는 없다. 이 세대는 개인과 공공의 영역 중간쯤에 새로운 공간을 필요로 한다. 물론 각 지자체별로 공공시설을 더 확충하는 것도 방편일 수는 있지만, 개인의 영역에서 어떠한 방식으로 이 문제에 접근할 것인가는 또 다른 차원이다.

단편적인 해석일 수 있지만, 노년층의 활동이 활발해진다는 것은 생산 활동보다는 취미나 여가 활동이 활발해지는 것으로 볼 수 있는데, 이러한 사회적 변화는 알파하우스의 수요로 이어질 수 있다. 그리고 앞서 언급하였듯이, 주거 공간이 일터가 될 수도 있고 동시에 취미 활동과 사교의 공간이 될 수도 있는 알파하우스의 가능성은 이미 여러 예술인과 유명인 들을 통해 의도했던 의도치 않았던 타진되어 왔다. 이전의 전원주택이나 별장이 개인주의적인 공간이었다면, 알파하우스는 충분히 공공의 공간으로 만들어갈 수 있다. 왜냐하면 여전히 가장 개인적인 공간은 도시에 있는 본인의 거주 공간이고, 알파하우스는 그야말로 '덤'의 공간이기 때문이다.

Alpha House

알파하우스는 도심의 주거가 제공해주지 못하는 제3의 공간을 제공함으로써 개인의 개성과 문화를 형성해나갈 수 있는 기회를 마련해준다. 그리고 알파하우스는 '어떤 집에 사느냐Where I live'를 보여준다기보다는 '어떻게 사느냐How I live'를 보여주는 집이 될 것이다. 아마도 이러한 시선 변화가 부동산 가치로서의 집이 아니라 개인의 활동을 표현하는 가치로서의 알파하우스를 가능케 하지 않을까 생각한다.

정자가 아름다운 이유는
사람이 채울 수 있는
여유 공간이 있기 때문이다.

2

수현'정亭'이
되기까지

우리 시대의
정자

임 소장 다양한 삶을 담기 위한 공간으로서 알파하우스의 가능성을 언급하기는 했지만, 처음부터 알파하우스라는 개념을 잡고 프로젝트를 진행한 건 아니었다. 알파하우스는 수헌정을 완공하고 이 책을 준비하면서 정립하게 된 단어다.

수헌정의 성격을 규정했던 것은 의외로 프로젝트의 이름인 '수헌정'이었다. 수헌정이라는 이름에서 알아차릴 수 있듯이, 수헌정은 '정자'의 느낌을 담고자 했다. 초기에는 평범한 주말 주택을 생각했기에 두어 개의 방과 아늑한 거실이 있는 주택으로 설계를 진행했던 적도 있다. 땅을 산 당시에는 부모님 모두 활발하게 대학에서 강의를 할 때라 서울에서 벗어나 가족끼리 주말을 즐길 수 있는 주말 주택이 필요했던 것이다.

여러 이유에서 프로젝트가 미뤄지는 사이 두 분이 은퇴를 하시면서 생활 방식이 바뀌고, 식구도 단출해졌다. 과거에는 우리 네 식구가 함께 생활할 수 있는 공간을 원했다면, 이제는 두 분이 학술 활동을 이어가고 관련된 모임을 열 수 있는 공간이 필요해진 것이다. 그래서 폐쇄적이기보다는 개방적

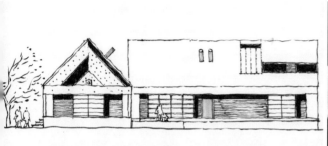

일반적인 주택 형태의 초기안. 2000년대
초반에는 주말 주택으로 구상했었다.

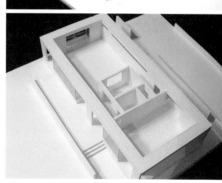

으로, 완성형보다는 가변적으로, 획일성보다는 다양성을 담는 공간을 만들기로 했다.

그래서 특별한 이름도 없던 프로젝트가 드디어 '수헌정'이라는 이름을 갖게 되었다. 이름의 이면에는 전통 건축의 정자처럼 휴식과 활동 양면을 제공할 수 있는 공간을 추구한다는 의미가 담겨 있었다. 방향을 정한 후 아버지는 여러 정자와 서당 들을 탐방하였고, 나는 다양한 용도로 사용되었던 프로젝트들을 살펴보았다.

집을 짓겠다고 마음먹고 가장 먼저 하는 게 사례 분석이다. 요즘처럼 인터넷을 한 시간만 뒤져도 무수히 많은 사례들을 찾아볼 수 있는 시대에, 사례를 보지 않는 것이 더 이상하다. 건축계에서 전해 내려오는 소문에 따르면, 건축주 대부분이 건축가들보다 훨씬 많은 사례들을 알고 있으며 직접 가봤다고 한다. 개인적인 경험에 비춰봐도 전혀 틀린 얘기는 아니다.

수헌정을 지을 때도 마찬가지였다. 안 그래도 건축주는 건축가보다 많은 사례를 알고 있다는데, 게다가 건축과 교수라니. 건축주인 아버지는 30년 넘게 전통 주택, 근대 주택, 현대 건축 등을 넘나들며 학생을 가르쳤다. 아마도 정보량으로는 건축가를 충분히 괴롭힐 수 있는 정도가 아니었을까. 하지만 꼭 많은 정보가 좋은 결과를 낳는다는 보장은 없다. 많은 사례를 수집하는 것이 아니라 수헌정이 어떠한 용도로 사용되기를 원하는지 정확히 아는 것이 우선이었다. 따라서 사례를 살펴보는 것은 건축물의 외적인 부분을 본다기보다는 어떻게 사용되었는가를 보는 과정이기도 하였다. 수헌정 프로젝트

Alpha House

만을 위한 과정이라기보다는, 좀 더 포괄적으로 알파하우스가 어떻게 사용될 수 있는가에 대해 여타 사례들을 통해 가능성을 짚어보는 과정으로 이해하는 편이 나을 것이다. 따라서 본문에서는 여러 사례들을 통해 그것이 용도면에서 어떻게 일반적인 주택과 다르게 사용되었는지, 또 어떠한 가능성을 갖고 있었는지 살펴보고자 한다.

누정 건축을
방문하다

임교수 집을 짓겠다는 사람이면 누구나 자신의 꿈을 실현하기 위해 오랫동안 고민하기 마련이다. 자신의 집을 짓는 것만큼 중요한 일도 드물기 때문이다. 대지를 장만한 후로 잡지나 여행지의 색다른 집을 눈여겨봤다. 그러나 막상 집을 짓게 되자 막연했다. 남들은 무슨 생각으로 집을 짓고 또 어떻게 그 꿈을 실현했는지 좀 더 구체적으로 알고 싶었다. 흥미로운 집을 발견하면 실제로 어떻게 사용되었는지 그리고 별문제는 없었는지 특히 궁금했다. 그러나 집이란 개인의 영역이라 정보를 얻기 어려웠다.

정년 후 휴식을 취하며 연구도 하고 친지들과 교유할 수 있는 공간을 마련하고 싶었다. 물론 은퇴한 부부가 거처하는 장소니 생활공간도 필요하겠지만 그것만으로는 부족했다. 나만이 추구하는 가치(알파)를 담는 집을 짓고 싶었다. 조선 시대 선비들이 자연을 벗 삼아 수양하며 학문 정진과 제자 양성의 공간으로 쓴 누정 건축에 관심이 가기 시작했다.

오늘날 도시인들에게 정자는 아파트 단지 모퉁이에 지어진 팔각정이나 시골 동네 어귀에서 어르신들이 한담을 나누며 시간을 보내는 공간으로 인식되는 게 보통이다. 그러나 조선 시대로 거슬러 올라가면 누정은 종류도 다양했고 기능도 사뭇 달랐던 것 같다. 누각樓閣, 정자亭子, 정사精舍, 서당書堂 등과 같이 명칭이 조금씩 다른 것을 보면 주인의 사용 목적에 따라 성격도 달랐던 모양이다. 누정은 사랑채로 마련되는 경우도 있으나, 대개 살림집과 떨어져 경치 좋은 곳에 자리했다. 오늘날 도시인들이 전원에 세컨드하우스를 짓는 욕구와 비슷하지 않았나 생각한다.

사색, 강학, 휴식이 이뤄지는 공간인 누정이 살림집과 분리된 점이 무척 흥미롭다. 학문을 집 안에서 한다는 것은 장점도 있지만 몰입도가 떨어지고 때에 따라서는 접객과 휴식을 위한 풍류가 살림에 방해가 될 수도 있었을 것이다. 일을 효율적으로 하기 위해서 생활공간과는 어느 정도 거리를 두어야 하고 휴식의 공간이 함께 따라야 한다고 본 조선 시대 선비들의 시각은 오늘날에도 일리가 있다.

자연을 즐기며 학문을 연마하고 가르치던 곳을 조선 시대에는 보통 서당 혹은 정사라 불렀다. 여기서 정사란 서재書齋나 학사學舍를 의미한다. 정자가 휴식을 위해서 지은 공간이라고 하면 서당과 정사는 공부하는 장소와 휴식하는 공간이 함께 있는 집을 의미한다.

물론 정자에도 온돌방이 있었고 정사에도 널찍한 마루가 있기에 공간 형식만으로 정자와 정사를 구분하기는 어렵다. 주인의 의지에 따라 달리 불린 것이다. (안동에 있는 석문정사石門精舍는 석문정石門亭으로 알려져 있고, 예천에 있는 초간정사草澗精舍의 현판은 초간정草澗亭으로 쓰인 것을 보면 정사精舍와 정亭이 혼용된 듯하다.) 조선 시대에는 정사를 '장수藏修'와 '유식遊息'의 처소라 불렀다. 장수는 '마음을 집중하여 학습에 몰두함'을, 유식은 '놀면서 몸과 마음에 휴식을 취함'을 뜻한다. 조선 시대 선비들은 산수가 좋은 곳에 정사를 지어놓고 공부도 하며 자연을 즐기는 삶을 이상적으로 생각했던 모양이다.

그러하더라도 누정은 보통 거처하는 살림집과는 멀지 않은 곳에 마련했다. 은둔하여 자연을 즐기며 강학과 손님맞이를 하더라도 기본적인 생활을 위한 지원을 받아야 했기 때문이다. 보통 별서(별장)는 정침을 갖추고 거리는 도보권에 위치하며 경치가 좋은 곳에 마련하는 게 일반적이었다고 한다. 이런 시각에서 보면 내가 마음에 품고 있던 공간은 조선 시대의 누정 건축에 가깝다는 생각이 들었다.

가사 문학의
산실이 된 정자

16세기에 들어 지방 곳곳에 다양한 형태의 누정 건축이 들어선다. 그중에서도 담양 인근에 남아 있는 정자는 여러 면에서 흥미롭다. 의리와 명분을 중시한 조선 시대 사림들은 중앙에서 벌어지는 현실 정치의 모순을 피해 기후가 따뜻하고 물산이 풍부한 호남으로 낙향하는 경우가 많았다.

낙향한 선비들이 누정에서 마냥 놀고 즐기기만 한 것은 아니었다. 그들은 누정에서 사상을 정리하고 철학을 논하며 중앙의 정치를 비판하기도 했다. 이런 활동에 더해 정자에 머물면서 인재를 양성하고 시단詩壇을 결성하기도 하며 시화詩畵를 창작하여 많은 이들의 심금을 울리는 시 문학을 탄생시켰다. 정자가 국문 시가의 하나인 귀중한 '가사 문학歌辭文學'의 배경이 된 것이다.

이 지역의 정자 중에서 가사 문학의 아버지라고 불리는 송순(宋純, 1493~1582)의 면앙정부터 살펴보자. 그는 과거에 급제하여 관직에 올랐지만 당파 싸움에 밀려 고향으로 내려온다. 그의 나이 41세 때 일이다. 면앙정은 송순이 관직을 버리고 고향에 내려와 지은 정자다.

면앙정은 정면 세 칸, 측면 두 칸 규모의 정자로 전면과 좌우에 마루를 두고 중앙에 온돌방을 배치했다. 전체 크기는 마루를 포함하여 32.7제곱미터(약 9.9평)고, 온돌방은 5.3제곱미터(약 1.6평)다. 규모는 작아도 네 방향에 모두 마루를 두었고, 온돌방에도 사방으로 문을 냈다. 면앙정으로의 접근은 남측에서 시작되는데 실제 현판이 달린 좌향坐向은 북쪽을 향하고 있다. 정자가 사방으로 열릴 수 있도록 하여 모든 방향의 자연을 품을 수 있게 배려하였다.

면앙정에서 북쪽인 한양을 바라보며 은둔 생활을 한 보람이 있었는지 송순은 다시 관직을 맡게 된다. 다시 중앙의 정치 무대에서 활동하다 77세에 낙향한 후 91세로 세상을 뜰 때까지 그는 이곳에 머물며 많은 가사를 남겼다. '면앙정가'는 바로 송순의 대표적인 가사다.

남측의 계단을 통해 올라가면 면앙
정이 보이고 그 너머로 영산강이
펼쳐진다.

십 년을 경영하여 초려삼간 지어내니

나 한 간 달 한 간에 청풍 한 간 맡겨두고

강산은 들일 데 없으니 둘러두고 보리라

면앙정가의 구절에서 이 시대 선비들이 갖고 있었던 자연과 인간의 합일 사상을 조금이나마 엿볼 수 있다. 그는 이 정자에서 급제 60년을 기념하는 잔치를 벌이기도 했고, 평소에는 벗들과 친분을 쌓았으며 후학을 키운 것으로 알려진다. 정자의 크기는 작았으나 용도는 매우 다양했다.

한편 면앙정에서 남쪽으로 내려와 창계천을 따라 충효동 쪽에 이르면 언덕 위에 마련된 환벽당을 만나게 된다. 환벽당은 김윤제(金允悌, 1501~1572)가 1545년 을사사화가 일어나자 관직을 그만두고 낙향하여 세운 정자다. 정면 세 칸, 측면 두 칸 규모의 팔작지붕 정자다. 전체 규모라 해보아야 29.6제곱미터(약 9.0평) 정도인데 안쪽으로 방을 두 칸 마련하고 전면과 접근하는 쪽에 마루를 두었다. 이 지역 정자에서는 방을 한 칸만 들이는 게 대부분인데 방이 두 개 있었던 것으로 보아 장기간 유숙하는 손님이 많지 않았나 싶다.

정자의 좌향은 하천을 향하고 있으나 접근하는 방향에 커다란 마루를 두어 방문객을 편안하게 맞아준다. 이 주변 정자에서 볼 수 있는 특징 중 하나는 좌향은 경관이 좋은 쪽을 향하더라도 접근은 그와 직각을 이루는 측면에서 이뤄지도록 해 방문객이 진입할 때 경관을 즐길 수 있도록 배려한 점이다. 환벽당 앞에는 연지가 하나 있다. 비록 누정이 크지는 않더라도 대지 내에 자연과 자신의 삶을 일치해보려는 노력의 일환으로 인공 연못을 만든 것이다.

환벽당은 김윤제가 송강 정철을 키워낸 곳으로 가사 문학에서 중요한 위치를 점하는 정자다. 정철은 이곳에서 김인후, 기대승과 같은 명현들을 만나 그들에게서 학문과 시를 배웠다. 김윤제는 말년에 환벽당에 은거하며 교육에 힘쓰고 또 당대 명류 시인들과 함께 어울렸다. 당시 호남의 대표적 시인들이 환벽당에 들러 자연스럽게 환벽당과 주변 경관을 배경으로 하는 시가를 지은 것을 미루어볼 때 작은 정자가 시단의 근거지가 되고 또 그들에게 시적 감흥을 주었음을 알 수 있다.

환벽당의 전경(좌)과 내부(우). 환벽당은 측면으로도 마루가 열려 있다.

학문과 강학의 공간
: 정사와 서당

정자와 비슷한 건물로 정사와 누樓 또는 서당 등이 있다. 앞서 이야기한 대로 조선 시대에는 정자와 정사를 뚜렷이 구분한 것 같지는 않다. 굳이 구분하자면 정자도 방이 있기는 했지만 풍류를 위해 더 경치가 좋은 곳에 자리했다. 담양의 정자들 외에도 우암 송시열이 화양구곡에 세운 정자나 퇴계 선생이 한양을 오가며 자주 찾았다는 청량산의 고산정은 선비들이 정자를 어디에 마련하고 싶어 했는지를 알려준다.

그런데 정사는 유래가 다르다. 정사란 원래 불교에서 신앙에 따라 수행하는 사람들이 머무는 곳을 의미하는데 죽림정사가 그 효시다. 그러나 실제로 사찰에서 정사를 보기는 어렵다. 송나라 주희가 무이 산에 정사를 짓고 경치를 감상하며 수련했다고 전하는 중국의 고사로부터 도교나 유교를 숭상하는 선비들이 영향을 받았다. 산천이 주는 정기를 받으며 학문에 정진하는 것이 인격 함양에 도움이 된다고 믿었기 때문이다.

담양에서는 사림이 주축이 되어 정자를 배경으로 가사 문학이 발달했고 안동에서는 정사와 서당을 중심으로 선비 문화가 발달했다. 안동 하회마을과 인근에는 유명한 정사가 남아 있다. 겸암 류운룡과 서애 류성룡 형제가 마을 내부에 마련한 원지정사와 빈연정사 그리고 강 건너에 있는 겸암정사와 옥연정사가 바로 학문과 강학의 무대였다.

　겸암정사는 조선 중기 문신인 겸암 류운룡(柳雲龍, 1539~1601) 선생이 그의 나이 스물아홉이던 1567년에 하회마을 건너편 부용대 서쪽에 조영했다. 화천 쪽의 가파른 경사지를 대지로 조성하여 하회마을을 조망할 수 있도록 사랑채인 겸암정사를 짓고, 뒤편에 안채를 들였다. 마을을 떠나 경치가 좋은 부용대 옆에 수양하며 학문에 정진할 수 있는 공간을 마련한 것이다. 그러나 겸암정사와 마을을 배로 오가는 일이 그리 간단치 않았던 모양이다. 1583년 그의 나이 사십오 세 때 마을에 빈연정사를 짓는다. 그 위치는 겸암정사를 잘 조망할 수 있는 하회마을 북쪽으로 서재와 휴식 공간으로 활용하고자 새롭게 정사를 마련했다. 인근에 종갓집이 있어 빈연정사에는 살림 공간이 따로 없었다. 젊은 시절 마을로부터 떨어진 곳에 머물다가 나이가 들어서는 오히려 마을로 돌아온 경우다. 그러나 서애 류성룡은 겸암과는 반대의 행보를 보였다.

　원지정사는 서애 류성룡(柳成龍, 1542~1607)이 부친상을 당해 고향인 하회마을에 내려와 지내다가 1576년에 지은 별서다. 원지정사는 그가 고향에 처음 세운 건물이기도 하다. 서애는 자신이 어려울 때면 종종 이곳에 와서 책을 읽으며 휴양하기도 했다. 정사 바로 옆의 연좌루는 자연을 벗 삼아 휴식을 취하기 위해 마련한 공간이다. 정사는 북향으로 자리를 잡고 있는데 이

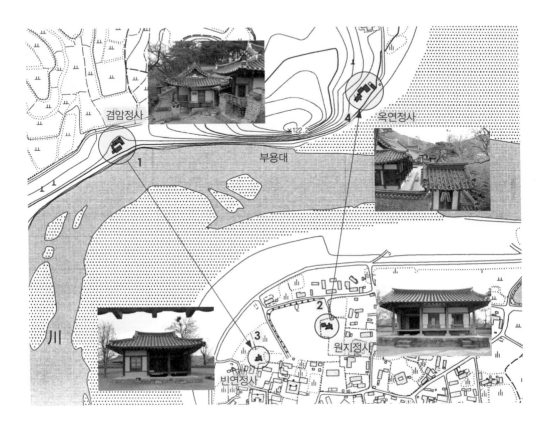

겸암정사

옥연정사

부용대

원지정사

빈연정사

川

하회마을과 인근 지역의 정사 위치도. 겸암
정사(1567), 원지정사(1576), 빈연정사(1583),
옥연정사(1586) 순으로 세워졌다.

는 북쪽의 화천과 그 건너에 있는 부용대의 절경을 감상하기 위한 의도적인 배치로 보인다.

원지정사는 정면 세 칸에 측면 한 칸 반 규모인데 방이 두 칸이고 마루가 한 칸이다. 전면에는 툇마루를 두었다. 방은 마루를 통해 출입했는데 방과 방 사이에는 사분합문을 달고 방과 툇마루 사이는 통머름을 두고 창을 달았다. 마루의 동쪽 면과 배면背面에는 널문을 설치하여 마루에서의 프라이버시와 통풍을 조절하도록 하였다. 원지정사에 딸린 연좌루는 정면 두 칸, 측면 두 칸의 팔작지붕 누각이다. 연좌루에서는 정면인 북쪽에 있는 화천과 부용대의 겸암정사가 한눈에 들어온다. 집의 좌향을 정할 때 무조건 남향을 고집하지 않고, 주변의 경관을 고려하여 선택했음을 알 수 있다. 북향이기에 밝은 빛에도 눈이 부시지 않아 북쪽 부용대의 경관을 편하게 감상할 수 있었을 것이다.

한편 옥연정사는 서애 선생이 학문 연구와 후학 양성을 위해 1586년에 지은 건물이다. 계획은 오래전부터 세웠으나 경제적 여유가 없어 걱정만 하던 중에 탄홍 스님이 10년 동안 곡식과 포목을 시주하여 완공하였다고 한다. 서애 선생은 하회마을의 경내에 원지정사를 지으면서도 화천을 건너 부용대 쪽에 정사를 마련하는 꿈을 갖고 있었던 모양이다. 정사가 어디에 위치해

사분합문 대청마루 앞에 드리우는 네 쪽으로 된 긴 창살문

통머름 방풍 또는 장식용으로 문지방 아래나 벽 아래 중방에 대는 널조각 중 통나무를 건너질러 만든 머름

Alpha House

야 하는지를 보여주는 아주 흥미로운 사례다.

옥연정사의 일곽에는 건물 세 채가 들어서 있고 대문채까지 하면 네 채가 된다. 문간채와 살림채가 있고 안쪽으로 사랑채와 별당채가 강을 면해 자리 잡고 있는데, 서애 선생이 『징비록』을 집필한 곳은 별당채였던 모양이다. 뒤쪽의 사주문 쪽은 나룻배로 건너온 손님들이 드나드는 장소가 되기에 정사의 경내에서도 안쪽으로 들어앉은 가운데의 별당에서 집필 활동이 이루어진 것 같다. 정사의 경내에서 집필하는 공간인 별당채와 손님맞이를 하며 휴식을 취하는 공간인 사랑채를 분리한 지혜가 엿보인다.

살림채는 서애 선생의 기본적인 생활을 뒷받침한 공간이다. 장기간 작업하는 서애 선생을 위해 누군가가 인근에서 살림을 도와주는 것은 필수적이었으리라. 정사 옆에 살림채를 두는 방식은 지역에 따라 다르다. 하회마을 경내에 있는 원지정사나 빈연정사 내에는 살림채가 없다. 본가가 마을 안에 있기에 별도의 살림채는 필요하지 않았으리라 추측할 수 있다. 정자나 정사 건축에서 살림채를 어떤 성격으로 마련했는지를 살펴보는 것은 오늘날 전원에서 살림 공간을 구상하는 데 참고가 된다.

한편 서당도 정사와 비슷한 기능을 가졌다. 서당은 아이들에게 글을 가르치는 곳이라기보다 자신의 학문과 심신을 수련하는 집에 가깝기에 기능적으로 정사와 큰 차이가 없다. 서재에 가까운 건물이라 생각하면 될 듯하다. 우리나라의 서당 가운데 가장 의미 있는 서당은 도산서당이다. 퇴계 선생은 49세에 벼슬을 버리고 고향에 내려와 집을 짓기 시작한다. 몇 차례 집을 지은 후, 61세 되던 해에 도산서당을 완성하고 10년을 거처했다.

퇴계 선생도 다른 선비들과 같이 산 좋고 물 좋은 곳에 작은 집을 짓고 자연을 즐기며 학문을 전수하려는 꿈을 품었다. 도산서당은 선비에 맞는 공간을 고심한 결과물이자 선생이 꿈꾼 집에 대한 이상이 기록물로 남아 있다는 점에서 의미가 깊다. 대유학자의 서재가 이리 작아도 될까 생각이 들 정도로 서당의 규모는 작다. 흔히들 도산서원과 도산서당을 헷갈린다. 도산서원은 퇴계 선생이 타계한 후에 제자들이 건립한 건물이다. 서당은 세 칸으로 나뉘는데 한 칸은 공부하고 잠을 자는 장수의 공간, 다른 한 칸은 손님을 맞거나 휴식을 취하는 유식의 공간, 나머지 한 칸은 부엌이다. 규모는 온돌방이 10.9제곱미터(약 3.3평), 마루는 17.9제곱미터(약 5.4평), 부엌은 7.5제곱미터(약 2.3평)로 전체는 36.3제곱미터(약 11.0평)다. 기거하며 서재의 기능을 할 수 있도록 마련한 최소의 공간이었다.

온돌인 완락재玩樂齋는 서재와 침실로 활용했는데 천장이 없고 서까래가 그대로 노출돼 있다. 침실로 보면 천장이 좀 높은 듯하지만 서재로 쓸 때를 생각하면 오히려 개방감이 있었으리라. 퇴계 선생은 침실과 서재 중에 서재 공간에 중점을 둔 것 같다. 서재에서 잠을 잤다고 보면 될 것이다. 한편 서책을 둘 수 있도록 서쪽과 북쪽 면에는 서가를 마련했다.

암서헌巖棲軒은 동쪽 끝에 마련한 유식의 처소이다. 퇴계 선생은 암서헌에서 손님을 맞고 휴식을 취하며 제자들과 담론을 즐겼다고 한다. 방 사이에 세 짝의 문을 두어 마루와 통합적으로 공간을 사용할 수 있다. 도산서당은

1 침실 겸 서재인 완락재. 온돌방이지만 서까래가 노출된 것과 벽면이 서책을 두는 수장 공간으로 마감된 것이 흥미롭다.

2 휴식 공간인 암서헌

3 도산서당의 남측 전경

4 서쪽의 부엌문. 하인은 서쪽으로 출입하도록 해 남쪽의 마당과는 동선이 분리되도록 했다.

도토마리 집으로 부엌에서 온돌방과 부엌 내에 있는 3자×6자 규모의 쪽방의 아궁이를 관리하도록 되어 있다. 아주 합리적인 구성이다.

　이런 작은 공간에서 조선 유학의 큰 맥을 이루는 퇴계 사상이 집대성되었다는 게 놀랍다. 새삼 서당의 공간적 가치를 생각하게 된다. 조선 시대의 정사와 서당은 휴식을 위해 명승지에 자리를 잡았지만 학문에 힘쓰는 공간이자 집필의 산실이었다.

도토마리 집 부엌을 중심으로 양쪽에
방이 위치한 집

분채의 미학 그리고
리트릿과 살롱 문화

임소장 앞서 살펴본 정자들의 매력은 다양하다. 하지만 그중에서도 정자의 가장 독특한 매력이라고 하면, 역시 '분채의 미학'이다. 정자는 살림채와 떨어져 있는 건물이다. 사용 면에 있어서 불편함도 있었을 분채가 정자의 매력이 될 수 있었던 이유는, 이로 인하여 심리적으로 일상과 분리될 수 있기 때문이다. 때문에 정자처럼 본채와 떨어진 영역에 알파하우스를 지을 수 있으면 가장 이상적일 것이다. 하지만 이격에는 적정선이 있다.

서울 시민의 평균 통근 시간은 40분 정도라고 한다. 경우에 따라서 차이는 있겠지만, 일반적으로 그 정도 시간 내에 도달할 수 있는 지역은 본인의 생활권으로 인식할 수 있다는 뜻이다. 즉 바로 뒷마당에 정자가 있는 것이 좋을 수도 있지만, 자신의 생활권 내에만 있다면 충분히 효용성을 유지하면서 동시에 분채의 장점도 취할 수 있다는 말이다. 교통의 발달로 이동이 편리해진 현대 사회에서는 뒷마당에 있는 정자보다도, 물리적으로는 좀 더 떨어져 있지만 자신의 생활권을 벗어나지는 않는 곳에 있는 정자가 더 매력적으로 다가올 수도 있다. 서애 선생이 하회마을 경내에 원지정사를 짓고 10년

뒤에 화천을 건너 부용대에 다시 옥연정사를 마련하는 것만 보아도 알 수 있다. 조선 시대에 본가의 약 2킬로미터 이내에 별서를 지은 것도 따지고 보면 이런 심리적 이격의 가치를 이해한 결과가 아닐까.

분채의 필요성이 과거에만 있었던 것은 아니다. 우리 사회는 더욱 다양한 사회 문화 활동을 필요로 하지만, 아파트에서는 이들을 소화하지 못하는 실정이다. 그래서 많은 활동이 밖에서 이뤄지며 이는 자연히 소비문화와 연결된다. 요즘에는 아파트에서 반상회도 잘 안 하려고 한단다. 반상회를 열면 아파트 거실에 주민들을 초대해야 하는데, 요즘처럼 이웃과 단절하고 지내는 세상에 누가 흔쾌히 문을 열겠는가. 우리네 아파트는 그동안 여러 평면상의 진화를 거쳤다고는 하지만, 외부 사람을 접대하는 공적 공간이 따로 구분된 적은 거의 없었다. 이웃 간의 소통이 줄어들 뿐 아니라 이웃을 자신의 사적인 공간에 초대할 여지 또한 더더욱 줄어든 것이다. 혹은 그 반대일지도 모른다. 누구를 초대할 만한 공간이 없으니 이웃 간의 소통이 줄어든 것일 수도 있겠다.

아파트가 개인 영역으로 성역화된 까닭에 아파트 단지 근처의 카페, 술집만 사람들로 북적인다. 개인적으로 이러한 현상이 나쁘다고 보지는 않는다. 가벼운 사회 활동이 소비 활동과 맞물리면서 흥미로운 현상들을 만들어내고 있기 때문이다. 하지만 소비 활동에 연결되다 보니 친척들과의 행사, 친구들과의 주말 바비큐 파티, 동아리 모임처럼 비교적 긴 시간이 필요한 활동은 철저한 계획을 동반하지 않으면 실행하기 어렵다. 영어권 문화에서 이야기하는 '리트릿retreat'이 쉽지 않은 것이다.

리트릿에는 조용한 곳이나 계획된 장소로 '내뺀다withdraw to a quiet or secluded place'는 의미가 있다. 단순히 '간다'가 아니라 일상의 번잡한 생활에서 벗어나 조용한 곳으로 '피신한다'는 의미다. 영어권에서는 이 단어를 의외로 많이 사용한다. 주말에 가족끼리 조용한 곳으로 떠날 때에도, 교회에서 며칠간 야외로 예배 모임을 다녀올 때에도, 친구들끼리 잠시 교외의 캐빈cabin에 놀러 갈 때도 이 단어를 쓴다. 엠티나 수련회라는 조금은 벅차 보이는 단어들과는 다르게, 리트릿에는 조용한 곳에서 힐링하고 재충전한다는 의미가 함축적으로 포함되어 있다. 글을 쓰다 '리트릿'을 내세우는 리조트 광고를 접했다. 불특정 다수와 만날 수밖에 없는 리조트에서 어떤 휴식 혹은 리트릿이 가능한지는 모르겠지만, 아무튼 마케팅 능력이 놀라울 뿐이다.

지인들과 조용히 어울리는 공간을 만드는 게 목표였기에 리트릿이라는 단어에 눈길이 갔다. 리트릿을 위한 공간은 우리가 흔히 아는 주말 펜션과는 분명히 달라야 했다. 주말 리트릿을 위해 만들어진 주택 중 하나가 판스워스 하우스Farnsworth House다.

판스워스 하우스는 시카고에서 약 90킬로미터 정도 떨어져 폭스 강Fox River에 접한, 당시에는 한적한 장소에 지어진 주택이다. 판스워스 하우스를 설계한 독일 출생 건축가 미스 반 데어 로에(Ludwig Mies van der Rohe, 1886~1969)는 건축 역사에서 빼놓을 수 없는 인물이다. 근대 건축의 언어를 천명한 건축가 르코르뷔지에, 근대 이후 건축 교육의 흐름을 바꾸어놓은 바우하우스를 창립한 발터 그로피우스, 미국적 모더니즘으로 미국인들의 추앙을 받는 프랭크 로이드 라이트와 함께 미스는 근대 건축의 4대 거장으로 꼽힌다. 시카고에서 의사로 활동하고 있던 판스워스 여사는 미스에게 자연을 즐기면서 바이올린 연습과 시 번역 등을 할 수 있는 주말 리트릿 공간의 설계를 의뢰하였다.

판스워스 여사는 주말에 번잡한 시카고에서 벗어나 한적한 자연을 벗 삼아 재충전하고 싶었던 것이다. 주택을 짓는 게 비교적 수월한 미국에서는 리트릿용 주말 주택을 소유하고 있는 사람들이 의외로 많다. 가족, 친척, 친구들과 공동으로 리트릿용 주택을 소유하기도 한다. '별장' 하면 회장님들이 소유한 저택이나, 날씨 좋은 스페인이나 그리스에 있는 주택을 떠올렸던 나에게는 신선한 충격이었다. 리트릿용 주택은 보통 차로 한두 시간 걸리는 거리 안에 있다는 것도 미국, 특히 뉴잉글랜드 지역에 와서 새롭게 알게 된 사실이다. 플로리다 같은 곳으로 가도 좋겠지만, 이미 그것은 '여행'이기 때문이다.

미스는 자연을 최대한 받아들이기 위하여 집 전체를 유리로 둘러쌌다. 주택을 땅에서 들어 올려 자연을 최대한 해치지 않으면서도 숲 속에 들어앉은 기분이 들도록 만들어주었다. 판스워스 하우스는 건축주와 건축가의 법률 소송을 야기한 작품으로도 잘 알려져 있다. 처음 책정한 시공비보다 다섯 배 정도 불어나 결국 소송까지 간 것이다. 한국전쟁으로 인한 일부 자재비의 상승이 시공비에 영향을 미쳤다는 일화가 전해진다. 판스워스 여사와 미스는 소송이 진정된 이후에도 서로 등을 돌렸지만, 판스워스 여사는 이 주택이 마음에 들기는 했던 모양이다. 은퇴하기 전까지 20여 년간 주말 리트릿 공간으로 잘 사용하며, 이 유명한 작품을 구경하고 싶어 했던 건축가들을 종종 초대했다고 하니 말이다.

판스워스 하우스는 책의 초반에서 언급한 필립 존슨의 글래스 하우스와

판스워스 하우스 © Library of Congress, Prints & Photographs Division, photograph by Carol M. Highsmith

도 인연이 있다. 필립 존슨 역시 건축계의 노벨상이라고 불리는 프리츠커상의 첫 수상자로서 건축계에서 매우 입지전적인 인물이다. 그는 1947년 뉴욕 현대미술관Museum of Modern Art에서 미스 반 데어 로에 작품전의 큐레이터로 참여하며 판스워스 모형을 처음 보게 되었다. 여기서 강한 영감을 받은 필립 존슨은 코네티컷에 자신을 위한 주말 리트릿 공간인 글래스 하우스를 짓는다. 이때가 1949년이니, 결국 미스의 판스워스 하우스보다도 2년 앞서 세상에 등장한 것이다. 사실 표절을 논할 문제는 아니다. 이 시기 미스 반 데어 로에의 영향력과 근대 이후 건축하는 이들 중 르코르뷔지에나 미스 반 데어 로에의 건축 언어를 차용하지 않은 사람이 몇이나 되겠는가 생각해보면, 글래스 하우스는 필립 존슨의 미스에 대한 오마주 정도로 이해하는 편이 나을 듯싶다.

아무튼 글래스 하우스 역시 뉴욕에서 약 한 시간 정도 떨어진 전원에 주말 리트릿 공간으로 지어졌다. 필립 존슨은 상속받은 주식이 대박 나서 갑부가 된 것으로 건축계에서 유명하다. 그래서 그런지 필립 존슨 주변에는 늘 유명한 건축가, 예술가가 있었다. 그의 파트너인 데이비드 휘트니 역시 아트 콜렉터로, 이 커플은 당시 문화 예술계에서 그야말로 '연예인급' 인물이었다. 팝아티스트 앤디 워홀은 필립 존슨의 초상화를 그려주기까지 했다. (이 그림은 글래스 하우스 옆 수장고에 잘 보관되어 있다.) 그래서 글래스 하우스에서는 판스워스 하우스와는 다른 문화가 생기는데, 이른바 살롱 문화다.

우리나라에서는 살롱이 언젠가부터 술집을 의미하게 된 것 같은데, 원래는 사람들이 모여 정치나 철학 등에 대해 논쟁하고 토론하는 공간을 의미한다. 살롱 문화는 17, 18세기 유럽에서 활발하게 퍼져 사회 발전에 지대한 영향을 끼쳤다. 살롱 문화는 20세기 중반까지도 지속되었는데, 경우에 따라서는 술집이나 찻집에서 이어지기도 하였다. 필립 존슨은 뉴욕 교외에 자신만의 아지트를 만들고, 문화계 인사들을 초청하여 사교의 장으로 만들었다. 몇

글래스 하우스 © Library of Congress, Prints & Photographs Division, photograph by Carol M. Highsmith

해 전 예일 대학교에 학생들의 작품을 심사하러 갔을 때, 건축 학교 학장이 자신의 사교용 로프트에 모든 리뷰어들을 초대하여 리셉션을 열었다. 이것 역시 살롱 문화의 일종으로 볼 수 있다.

조선 시대의 정자에서도 유사한 문화를 찾아볼 수 있다. 예전에는 아파트 단지에 노인정이 있었다. 노인들이 모여 쉬면서 여가도 즐기고 공동체 활동을 할 수 있는 곳을 정자라고 명명한 것이다. 개인적으로는 이러한 의미 때문에 경로당보다는 노인정이라는 단어를 더 선호한다. 경로당보다는 노인정에서 신선놀음이 가능할 것 같기 때문이다. 노인정은 노인들만의 살롱 문화를 만들어내는 공간이 된다.

집을 구상하면서 리트릿과 살롱 문화를 염두에 두었다. 가족들에게는 '집에서 보내는 휴가'가 가능해야 했으며, 방문하는 지인들에게는 '살롱 문화'를 제공할 수 있어야 했다. 건축 언어적으로 판스워스 하우스나 글래스 하우스와는 상이하지만, 이들 작품들을 보면서 어떠한 성격의 주택이 되어야 하는가 고민하는 계기가 되었다. 유동적이고 다양한 용도를 수용하기 위해서 정자처럼 작지만 열린 공간을 만들어내는 것이 중요하다고 판단하였다.

로프트 천장이 높은 아파트 혹은 콘도
를 지칭한다.

Alpha House

보다 적은 것이 보다 많은 것이다
Less is More

정자를 참고하다 작은 규모에 마음을 뺏겼다. 전원에 집을 지을 때 크게 짓
는 경우가 많다. 보통 2층 건물 기준으로 건평이 50~60평이 넘는다. 그에 비
하면 정자 건축은 전체 면적이 10평 내외다. (방은 보통 2평 내외며 소쇄원
광풍각은 7자×7자로 1.3평이다.) 극소 규모의 집이다.

프로젝트에서 건축물 규모는 법규에 의해서 규정되기 마련이다. 대지가
어디에 있건, 용도가 무엇이건 사람들은 법규가 허락하는 최대치의 면적으
로 개발하는 경향이 있다. 작은 땅덩어리에 밀집해 사는 한국에서 어쩔 수
없이 형성된 관습인 듯하다. 그러나 누군가가 '법규가 허락한다면 더 큰 집
을 짓고 싶은가'라고 묻는다면 적어도 전원에서는 '아니다'라고 자신 있게
말할 수 있다.

'Less is More'는 미스 반 데어 로에가 로버트 브라우닝의 시에서 차용한
문구다. 최소의 디자인이 더 나은 디자인임을 주장할 때 사용하는 말인데,
알파하우스에서는 '규모가 작아야 더 낫다'라는 말로 해석할 수 있을 것이
다. 정자는 말할 것도 없고, 판스워스 하우스는 140제곱미터(약 42평), 글래

스 하우스는 165제곱미터(약 50평)로 비교적 작은 집들이다. 모두 모택母宅이 별도로 있다. 이와 반대로 대규모 별장의 형식을 띤 주택 역시 생각해보았다.

미국 근대 건축의 대부, 프랭크 로이드 라이트(Frank Lloyd Wright, 1867~1959)의 낙수장Fallingwater은 전 세계에서 가장 유명한 주택 중 하나다. 이 주택으로 라이트는 말년에 건축계에서 커다란 주목을 받고 재기할 수 있었다.

낙수장은 피츠버그에서 약 한 시간 거리에 지어진 에드거 코프먼의 별장이다. 1939년 완공된 이 주택은 발표되자마자 전 세계에 충격을 가져다 주었다. 그도 그럴 것이, 이전까지만 해도 라이트는 초원 양식prairie-style이라고 하여, 미국 중부의 수평적인 지형을 반영해 수평 요소를 강조하고, 기존의 주택 지붕 형태를 잘 변형시켜 주변 경관과의 이질감을 최소화하는 설계를 하였다.

당시 유럽에서는 르코르뷔지에나 미스 반 데어 로에처럼 평지붕이 근대건축의 중요한 요소라고 주장하는 건축가들이 많았는데, 이들은 미국에서 미국적인 근대주의를 만들어나가던 프랭크 로이드 라이트의 스타일을 비판하였다. 지역적인 고려 없이 일관된 건축을 주장한 다른 건축가들과는 달리 라이트는 지역의 문화와 특성에 입각한 나름대로의 근대주의를 만들어나가고 있었던 것이다. 일설에 의하면, 그 비판을 들은 라이트가 "내가 평지붕 디자인을 못해서 안 쓰는 줄 아는가!"라고 반발하며 디자인한 것이 낙수장이라고 한다. 이 루머가 사실이건 아니건 간에, 그가 평지붕을 사용함으로써 걸작을 남긴 것은 사실이다.

　낙수장은 말 그대로 주택이 폭포를 담고 있는 등 자연과 주택이 하나로 어우러진 것으로 유명하다. 수평의 발코니들은 자연을 향해 뻗어 나간다. 내부 공간에는 벽난로를 중심으로 거실과 식당이 위치한다. 특히 거실은 발코니로 바로 확장되고 폭포로 향하는 모든 면이 유리로 되어 있어 외부의 자연을 내부에서도 충분히 감상할 수 있는 명작이다. 이렇게 건축적으로 훌륭한 작품임에도, 피츠버그에서 한 시간 남짓한 거리에 있음에도 프로젝트를 진행하면서 낙수장을 염두에 두지 않은 이유는 이 주택의 규모와 프로그램 성격 때문이었다. 낙수장은 발코니 면적을 포함하면 약 500제곱미터(약 151평)에 달한다. 미국에서 이 규모가 대단한 수치는 아니지만, 활용 방식을 생각해보면 다소 의구심이 앞섰다.

　낙수장이 건축적으로는 매우 완성도 있는 작품이지만, 이용도 면에서도 점수를 많이 받을 수 있는지는 확실치 않다. 실제 자주 사용되지 않은 것으로 알고 있다. (클라이언트였던 코프먼 가문에서 30여 년 간 소유하다가 보존 단체에 기부했다.) 적은 인원이 가볍게 머물다 갈 규모라고

낙수장 © Sturmvogel 66-Own work, CC BY-SA 3.0

보긴 어렵다. 그야말로 '별장'에 가족 전체가 와서 몇 주는 묵다 가야 할 것 같은 곳이다. 처음부터 건축주는 별장의 쓰임을 숙고하지 않고 또 하나의 커다란 저택을 폭포수 위에 지어놓은 것이다. 건축적으로는 매우 훌륭하지만 대형 펜션과 별반 다르지 않다고 생각했기 때문에 고려 대상이 아니었다.

　면적을 키우기보다는 필요한 공간들을 넣되 '작은 집'을 유지하는 게 수헌정의 전제 조건이었다. 좁은 땅에 많은 인구가 살다 보니, 우리나라에서는 법규에서 허락하는 최대 면적으로 설계하는 것이 하나의 '정석'처럼 되어버렸다. 하지만 장점이 있으면 단점이 있는 법. 이용률이 낮은 공간으로 채워진 커다란 저택을 지을 수는 있지만 그만큼 이용률을 배가하는 기회는 사라진다. 정자에서 보았듯이 전원에서는 공간을 분할하기보다는 가급적 통합하는 게 좋다. 작은 공간으로 채워진 아파트 같은 집을 도시 외곽에 또 하나 가진들, 그것이 새로울 리 없다. 정자가 아름다운 이유는 사람이 채울 수 있는 여유 공간이 있기 때문이다.

Alpha House

알파하우스를 계획할 때에는
'얼마만큼의 면적을 원하는가'보다
'어떠한 공간을 원하는가'를
먼저 물어야 한다.

3

알파하우스의
새로운 의미

공간의
재구성

임 소장 앞서 언급하였지만, 언젠가부터 우리나라에서는 '면적 찾아 먹기'가 건축 설계의 목표(?)가 되어버린 듯하다. 사실 아파트라는 주거 형식과 관련된 경제 구조를 살펴보면 법에서 허용하는 최대 면적을 확보하는 것이 중요하지 않다고 치부할 수만은 없다. 김성홍 교수가 큐레이터로 참여한 2016년 베니스 건축 비엔날레 한국관의 주제가 '용적률 게임'이듯, 이제는 최대 용적률이 한국 건축과 문화를 나타내기까지 한다.

언젠가 건축 담론지에 '한국성'에 대해 글을 썼는데, 김성홍 교수의 이야기와 일맥상통하는 부분이 있다. 우리는 그동안 건축의 '한국성' 하면 전통에 근거한 철학이나 건축 요소를 이야기하고 싶어 했지만, 만약 한국성을 '다른 그 무언가와 구분 짓는, 한국 건축만의 특징'으로 규정한다면 용적률 게임이야말로 한국적인 건축 문화의 일부분이라고 할 수 있다. 물론 하나의 문화로 발현되는 현상을 두고 시비를 따질 이유는 전혀 없다.

하지만 문제는 최대 용적률이 하나의 미학으로 받아들여진다는 것이다. 건축가가 법적 허용 용적률이 100퍼센트인 곳에 99.9퍼센트의 면적으로 설계하지 못하면 마치 건축주의 부동산 가치를 침해한 것처럼 여기기도 한다. 그러나 모든 설계가 아파트의 미학을 따르는 것이 맞는가. 최대 용적률 역시 장점이 있다면 단점이 있다. 경제적 가치만 추구하다 보면 그만큼 다양한 경험을 제공하는 공간은 사라지고 구성이 획일화된다. 때문에 우리가 아파트를 대체할 수 있는 알파공간 혹은 알파하우스를 찾으면서 아파트와 같은 논리로 설계한다면, 결과는 아파트와 대동소이할 것이다. 알파하우스를 계획할 때에는 '얼마만큼의 면적을 원하는가'보다 '어떠한 공간을 원하는가'를 먼저 물어야 한다. 수헌정에서 역시 이 질문을 우선시했다.

수헌정이 정자를 본보기로 삼았다고 하여, 막상 정자를 지을 수는 없는 일이었다. 알파하우스 역시 사람이 머무르는 공간이기에, 기본적으로 주거 공간의 요소를 포함할 수밖에 없다. 알파하우스로서 다양한 기능을 유동적으로 담기 위해서는 부엌도 있어야 하고, 화장실도 있어야 하고, 게스트가 머무를 수 있는 공간도 있어야 한다. (리트릿 하우스, 살롱 문화의 공간으로 소개한 글래스 하우스에도 주거 기능이 포함되어 있었다.) 다만 기능적인 주거 공간의 형식을 따르는 것이 아니라, 각각의 공간이 알파하우스라는 개념에서 어떻게 재해석되고 재구성될 것인가가 중요한 문제다.

주거의 합리성에서는 '조금' 떨어지더라도 다양한 활동을 담을 수 있는 공간을 만들어내는 것이 알파하우스에서 가장 중요한 지점이 아닐까 한다. 예를 들어, 40평이 안 되는 수헌정에서 아파트처럼 두 개의 침실과, 독립된 화장실, 부엌, 거실을 확보하면서 '동시에' 열댓 명을 초대해 워크숍이나 세미나를 진행할 수 있는 공간을 갖기 원하는 것은 산술적으로 무리가 있다. 결국 기존의 거실을 재해석할 수 있는지, 부엌을 다른 공간과 통합할 수 있는지, 심지어는 계단을 활용할 방안이 있는지 등을 면밀히 살펴야 한다.

이번 장에서는 침실, 주방 등의 공간이 알파하우스를 지향하는 수헌정에서 어떻게 재해석되었는지 확인하기 전에 먼저 각 공간의 역사와 의미를 들여다보려 한다. 공간이 나에게 또는 가족에게 어떠한 의미가 있는지 알아야 최적화된 구성이 가능하기 때문이다. 수헌정에 적용된 방식은 하나의 사례로 참고하면 충분하다.

대청마루

대청마루의 변화

임교수 우리나라 주거 건축의 가장 큰 특징은 온돌과 마루다. 보통 온돌은 북방 주거 문화의 특징으로, 마루는 남방 주거 문화의 특징으로 인식되며 이 두 가지 요소가 한반도에서 만나 독특한 주거 문화로 자리 잡았다는 게 정설이다.

전통 주택에서 대청마루는 안채와 사랑채에 모두 있었다. 안대청은 보통 여성의 영역이었으므로 살림을 하는 공간으로 쓰였다. 사랑대청은 기능적으로 보면 남성들의 생활공간이기도 했지만 선비들이 독서와 시화를 행하는 '학문의 공간'이자 외부와 연결되어 왕래하는 손님을 맞는 '접객의 공간'이었으며, '풍류 공간'으로도 사용되었다. 집에서 사회적 기능을 하는 공간이 사랑채였고, 사랑대청은 그 중심에 있었다.

시간이 흐르면서 안대청과 사랑대청의 모습도 바뀐다. 구한말 개화기에 이르러 부부가 더 이상 내외를 하지 않고 안방에 함께 기거하면서 한옥에서도 사랑대청과 안대청을 구분하는 게 무의미해졌다. 20세기 초에 등장한 근대 한옥을 보면 사랑대청은 '접객실' 또는 '응접실'로 바뀌고 집의 중심을 이루는 공간을 대청마루로 불렀다. 부부가 안방을 사용하면서 이때의 대청마루는 자연스럽게 가족실 성격의 공간으로 사용되었다. 그러다 가족생활 중심의 문화주택이 소개되며 거실이 등장하는데 이때부터 소위 대청마루의 접객과 가족생활 기능이 나누어진다. 접객 기능은 응접실에서 그리고 가족 중심의 생활은 거실에서 이루어지는 게 일반적이었다. 그러나 응접실을 별도로 두기 어려운 경우는 거실이 접객 기능을 겸했다. 도시화가 급격히 진행된 1960년대의 개량형 도시 주택(ㅋ 자 집)에서는 안방에 비해 마루(거실)의 크기가 상대적으로 작았다.

역사적으로 볼 때 가족의 친목 공간인 거실이 정착한 것은 1970년대 새마을주택이 보급되면서부터다. 새마을주택에서 소파를 사용하는 의자식 거실 공간이 마련된 것은 난방설비를 들일 수 있게 되었기 때문이다. 대청마루에 유리문을 달거나 다른 변화를 꾀하더라도 근본적으로 좌식 생활을 전제한 공간이라 겨울철엔 이용하기 어려웠던 게 사실이다. 따라서 난방설비가 완비된 아파트의 등장이 현재와 같은 거실 문화가 정착되는 데 커다란 역할을 하지 않았나 싶다. 난방이 되지 않는 대청마루는 주거 공간에서 퇴조한 것이다. 그렇다면 난방이 안 되는 마루는 쓸모가 없는 것일까?

문화주택 1920년대에 일본을 통해 소개된 주택 양식. 여성의 지위 향상 등 근대 문화를 반영하지 못하는 전통 주택에 대한 비판으로 소개되었다.

개량형 도시 주택 1960년대의 일반 단독주택에서는 남쪽에 넓게 마련된 안방이 가족실 기능을 겸하여 마루는 상대적으로 작아졌다.

우리나라 아파트 구조의 가장 큰 특징인 베란다는 난방이 되지 않지만 쓰임새가 다양하다. 한동안 베란다를 거실화하는 확장형이 대세였는데 요즘은 베란다를 그대로 두는 세대도 많다고 한다. 외부에 면한 공간이 갖는 유용성 때문일 것이다.

사랑채의 대청마루가 담당하던 사회적 기능을 담을 수 있는 공간을 아파트에서 찾을 수 있을까. 아파트로 대표되는 현재의 주거 공간이 전통 주택의 구조와는 아주 다른 성격으로 바뀌었음을 알 수 있다. 전원에 주택을 마련하거나 알파하우스를 짓는다면 현재와 같은 거실을 고집할 필요는 없다. 도시에 거주하는 핵가족을 전제로 진화한 평면이기 때문이다. 전원에서 사람들과 교류하는 장소로 마련하는 집이라면 대청마루를 고려해봐도 좋을 것이다.

새마을주택 1970년대 새마을운동의 일환으로 등장한 새로운 농촌주택 모델로서 약 50~120평의 대지에 15평 남짓한 주택 규모가 일반적이다.

수헌정에서: 대청마루

임 소장 수헌정에서 설계 초기부터 대청마루를 중요한 요소로 생각하고 작업한 것은 아니었다. 수헌정이 기울어진 형태를 취하면서 캔틸레버식으로 길게 돌출된 박스 아래에 공간이 생긴 것이다. 프로젝트 초반에는 이 하부 공간을 데크라 불렀다. 허가 도면을 작성할 때에도 마찬가지였다. 이곳은 응접실과 맞닿은 외부 공간으로 내부 기능을 외부에 연장한다는 의미에서 데크라고 간단히 칭했다. 데크가 다른 주 공간(수헌정에서는 응접실)에 덧붙여진 공간에 가깝다면 대청마루는 공간 자체의 독립성이 강하다.

한데, 수헌정의 진입 시퀀스를 고려하면서부터 하부 공간을 대청마루로 보게 되었다. 즉, 대지의 경계를 규정하는 담과 대문을 지나 실제 집으로 들어오는 과정상에서 대청마루를 생각하게 되었다는 의미다. 수헌정에서는 낮은 높이의 담과 소문小門을 지나 현관에 들어서기에 앞서 이 대청마루에 올라서야 한다. 수헌정으로 진입하는 이 시퀀스는 어딘지 모르게 전통 주택과 닮았다.

'현관' 편에서도 언급하겠지만, 우리 주거가 현대화되면서 가장 압축적으로 표현된 공간이 현관이다. 전통 주택에서는 '문-마당-신발 벗는 행위-단차이가 나는 마루-주거 공간'이 진입 시퀀스가 된다. 아파트의 현관에서도

남쪽의 대청마루(데크)에서 북쪽의 경사 벽
까지 공간의 깊이감을 느낄 수 있다.

비슷한 시퀀스를 확인할 수 있다. 현관문과 맞닿은 작은 공간에 신발을 벗어 놓을 수 있으며, 작은 단 차이를 두어 주거 공간을 분리하고 있다. 개인적으로는 '현관'이야말로 가장 우수한 발명 공간 혹은 진화 공간 중 하나라고 생각한다. 어찌 되었건, 현관이 잘 발달되어 전통 주택에서 나타나는 진입 시퀀스를 생각할 이유가 없어졌다. 대청마루의 기능을 현관, 거실, 부엌이 수용하면서 현대 주택에서 대청마루가 필요하지 않게 된 것이다.

하지만 안성의 '모아집'에서도 볼 수 있듯이, 대청마루는 현관이, 거실이, 식당이 수용하지 못하는 다른 용도와 의미가 있다. 대청마루를 적극적으로 사용하여 두 채에 독립성을 부여할 뿐 아니라 이 공간에서 거실이나 식당에서는 가능하지 않은 교류와 활동을 일으킨다.

모아집은 각 세대 내에서 담지 못하는 활동을 중앙의 대청마루에서 담아내고 있다.
건축가 지정우(이유건축)+권경은 (오피스경) ⓒ 진효숙

수헌정의 대청마루 역시 마찬가지다. 수헌정의 대청마루가 단순히 내부 응접실이 연장된 공간에 그쳤다면, 아파트 거실에서 확장된 발코니 이상의 기능 혹은 역할을 하지는 못했을 것이다. 하지만 대청마루가 진입 시퀀스의 한 부분을 담당함으로써 더욱 풍부하게 사용되었다. 가끔은 간이 식탁을 펼쳐놓고 바비큐 파티를 열거나 돗자리를 펴고 앉아 쉬기도 한다.

대청마루는 방문객이 수헌정 내부로 들어서기 전에 신발을 벗어놓기도 하는 곳이다. 아무리 아파트와 유사한 현관을 만들어놓았어도 우리나라 사람들은 (실외에 신발을 벗어놓을 환경이 된다면) 실내에 들어설 때 신발 벗는 것을 더 편하게 생각하는 듯하다. 수헌정의 대청마루가 실외에서 전이 공간으로서의 역할을 톡톡히 하고 있는 것으로 볼 수도 있겠다. 앞마당에서 단에 올라서듯이 올라야 하기 때문에 공간의 구분이 생기고, 또한 마루에 비유하고자 사용한 목재가 중요한 요소로 작용한 것이 아닌가 싶다. 사실 수헌정이 완공되고 실제로 방문객이 많아지기 전까지 이 공간의 가능성을 완전히 알 수는 없었다. 지금처럼 '대청마루'로서의 역할을 잘 수행할 줄 예상했다면 아마도 설계 단계에서 외부의 마루와 내부의 응접실, 현관의 단 차이를 더 두었을지도 모르겠다. 그랬다면 현대식 건물에서 전통 공간이 좀 더 적극적으로 발현되었을 테니까.

현관

현관의 기능과 역할

임교수 현관은 기능적으로 '출입 전용의 독립된 공간'이다. 외부에서 신던 신발을 벗고 실내로 들어오는 경계인 현관은 내부와 외부의 완충 지대 역할을 하는 전이 공간적 성격이 있다. 언젠가부터 주택에서 현관이 일반화되었지만 한옥에는 현관이 없다.

사실 현관이라는 개념은 서양의 주택에서도 찾기 쉽지 않다. 물론 저택에서야 신발도 털고 외투도 걸어두는 공간이 존재하지만, 이 역시도 우리가 흔히 생각하는 현관은 아니다. 서양에서는 실내에서도 신발을 벗지 않기 때문에 발을 터는 판 정도로 현관을 나타내곤 한다. (최근에는 서양에서도 실내에서는 신발을 벗고 슬리퍼로 갈아 신는 문화가 확산되어 현관에 신발장을 놓거나, 다른 가구로 공간을 구획하는 등 변화가 보이지만 현관에 대한 인식은 여전히 우리와 다르다.) 일례로 서양의 아파트는 출입문에서 거실이나 부엌으로 바로 이어지기도 하는데, 한국 사람들 대부분이 이러한 진입을 낯설어한다. 우리가 인식하는 공간으로서의 '현관'이 서양과는 다르기 때문이다.

서양은 현관문을 통해 실내로 들어갔을 때 '집 안'에 있다고 생각하는 반면 우리는 대문을 지나 마당에만 있어도 집 안에 들어왔다고 생각한다. 집의 안과 밖에 대한 인식 차이는 전통 건축에서 더욱 도드라진다. 마당에서 실내로 들어가려면 툇마루나 대청마루 앞에서 신발을 벗고 마루를 통해서 집 안으로 드나드는 게 일반적이었다. 대청마루를 통해서만 출입한 게 아니다. 방마다 달린 툇마루를 통해서도 외부와 내부가 연결되었다. 담과 대문에 의한 경계는 중요했지만 일단 경계 안으로 들어온 다음부터는 집의 안과 밖의 경계가 모호했다고 보는 게 좋을 것 같다. 집 안과 밖을 이어주는 현관과 같은 강력한 잠금장치는 없었다. 그러나 대문-마당-마루로 연결되는 전통 건축의 진입 시퀀스는 현대식 주거 공간에서 구현하기 힘들기 때문에 이 시퀀스를 최대로 압축한 공간인 현관이 생겨난 것이다. 그렇다면 언제부터 지금과 같은 현관이 도입된 것일까.

마당과 내부 공간을 이어주는 개량
한옥의 툇마루

현관의 도입

한옥에 현관이 등장한 것은 20세기 초반부터다. 19세기 말부터 국내에는 일식 주택뿐 아니라 양식 주택도 많이 소개되고 있었다. 청주, 대구 등지에 파송된 선교사들을 위해 지은 한양 절충식 주택에서도 현관이 발견된다. 이러한 주택에 초대되어 방문하면서 현관의 유용성을 깨닫기 시작했을 것으로 짐작된다.

한편 일식 주택으로 마련된 관사나 사택에도 현관은 있었다. 당시 현관문 대부분은 밀어서 여는 미세기sliding door였다. 문화주택에 여닫이문swing door이 도입되었고, 이때부터 현재와 유사한 현관이 등장한다. 한국인 최초의 건축가인 박길룡도 1920년대 생활개선운동이 한창일 때 재래식 주택의 프라이버시 문제와 실 간 이동에서 오는 불편함을 개선하고자 현관 도입을 제안하기도 했다.

도정궁 경원당의 포치와 현관

현관의 유용성은 한옥의 공간 구조에도 영향을 미친다. 20세기 초에 지어진 근대 한옥에서도 현관이 나타난다. 건국대학교 구내로 옮겨진 1910년대 도정궁 경원당(구 정재문 가옥)이나 가회동에 지어진 1920년대 산업은행 관리 가옥을 보면 현관이 아주 자연스럽게 한옥에 부가된 모습을 볼 수 있다. 현관에는 신을 벗어 놓는 공간이 있고, 마루로 연결된 실내에서는 신을 신지 않았다. 현관이라는 공간이 한옥에 받아들여진 것이다.

한편 현관은 실내와 실외의 연결을 통제하는 공간이기도 해서 외부로 직접 드나드는 데 익숙한 우리에겐 조금은 갑갑할 수도 있는 공간 구조다. 그래서 이때의 한옥은 현관을 두더라도 대청마루에서 마당으로 직접 드나들 수 있었다.

광복 이후 1960년대의 개량형 도시 주택에서 현관이 잠시 등장하다 1970년대 새마을주택과 **불란서주택**에서부터 현관이 본격적으로 소개되었다. 같은 시기 보일러가 도입되면서 현관은 주거 공간으로 자리를 잡는다. 그런데 이때도 현관과는 별도로 거실, 마루에서도 외부와 연결되는 전면 베란다를 마련해두었다. 대청마루에서 직접 외부로 나가는 방식이 그대로 전해진 것이다. 아파트에서 베란다를 두고 통창을 만들어 직접 드나드는 방식을 선호하는 것을 보면 출입 방식에 대한 주거 문화적 특징이 지금도 남아 있음을 알 수 있다.

현관玄關이라는 명칭은 일본에서 왔는데, '검을 현玄'을 쓰는 데에서 알

불란서주택 서양식 주택을 설계하는 건축가들의 영향을 받은 개발업자들이 1970년대에 지은 주택

수 있듯이 우리보다는 어스름한 공간을 더 좋아하는 것 같다. 현관을 가급적 밝은 곳에 두는 우리는 명관明闢이라는 명칭을 쓰는 게 오히려 자연스러워 보인다. 우리나라에서는 주택의 좌향을 결정할 때 남향동문을 일반적으로 선호해왔다. 건물은 남쪽을 향하게 하되 문은 동쪽으로 낸다는 뜻이다. 현관을 꼭 동쪽에 둔다기보다는 남동쪽에 두어 대문으로 진입하며 현관을 바라볼 수 있도록 공간을 배치하는 게 일반적이었다.

위치뿐 아니라 현관의 폭도 매우 중요하다. 폭이 좁으면 신발을 벗고 신기가 어렵다. 또한 현관에서 접객이 이루어졌기에 고급 저택에서는 가급적 현관의 폭을 넓게 만드는 것을 선호했다. 그래야 여유로운 모습으로 손님을 맞이하고 배웅하기 용이했기 때문이다.

그러나 현관은 오래 머무는 공간이 아니라 실내로 진입하기 위해 거쳐야 하는 과정의 공간이기에 어느 정도의 깊이감도 필요하다. 길이가 너무 짧으면 내, 외부를 분리하는 역할이 미흡하고 아늑한 느낌을 주지 못한다. 그러나 제한된 면적에서 잠시 쓰는 현관에 넓은 공간을 할애기도 그리 쉽지는 않다.

수헌정에서: 현관

ㄱ자 진입 동선

임 소장 건축 설계 대부분이 그러하지만 주택에서는 특히 현관, 즉 진입을 어떻게 만들지 결정하는 것이 매우 중요하다. 진입하는 경우의 수가 제한되는 도시에서보다 주변이 열린 대지에서는 진입을 어디로 할지부터 고민이다. 너무 많은 경우의 수가 있었기에 우리는 기본적인 원칙을 세울 수밖에 없었다. 하나는 남향동문의 원칙, 또 다른 하나는 'ㄱ 자 동선'이었다. 동양에서는 직선의 접근 동선보다 꺾이는 동선을 선호했다. 공간의 깊이를 더해주고 다양한 경험을 제공하기 때문이다. 남향동문 역시 문이 해가 잘 드는 동쪽에 있어야 한다는 의미도 있지만, 집을 앉힌 방향과 수직으로 문을 내야 한다는 의미도 있는 것이다.

수헌정은 서측 진입로에서 소문(수헌정의 경계를 표시하는 낮은 담에 설치된 문인데 '대문'으로 부르고 싶지는 않다)을 통해 들어왔을 때, 수헌정이 앉은 방향의 수직 방향, 즉 수헌정의 측면을 통해 진입이 이루어지도록 계획하였다. 지형과 경관의 이유 때문에 동쪽을 향해서 집을 앉혔다. 때문에 진입은 수직 방향인 북쪽 혹은 남쪽에서 이루어져야 원칙에 맞는데, 밝은 쪽에서 진입할 수 있도록 남쪽에 현관 출입문을 두었다. 소문에서의 진입과 ㄱ 자 동선을 구성하기 때문에 더 적합한 해결책으로 보였다. 결국 수헌정은 대지

조건상 남향동문은 아니지만 동향남문의 원칙을 지킬 수 있었다.

수헌정의 현관에는 신발장이 없다. 현관 면적이 충분함에도 신발장을 두지 않은 데에는 이유가 있다. 이 집은 알파하우스, 즉 오가는 집이다. 될 수 있으면 가볍게 왔다가 가볍게 갈 수 있는 곳이어야 한다. 신발장은 자신이 신고 다니지 않는 신발 여러 켤레를 보관하는 곳이라 알파하우스가 되고자 하는 수헌정의 의미와 맞지 않다고 보았다. 한편 신발을 벗어둘 수 있는 면적은 충분히 확보하여 손님들이 여러 분 오셔도 신발을 쉽게 벗고 드나들 수 있도록 하였다. 그래서 마치 초대된 손님이 집주인의 신발장에 신발을 벗어놓는다는 느낌을 받기보다는 주와 객의 구분 없이 현관이라는 내, 외부의 전환 공간에 진입할 수 있도록 하였다.

그런데 '대청마루' 편에서도 언급하였듯이, 많은 손님이 신발을 현관 밖 마루에 벗어놓는다. 현대적인 현관의 모습을 아무리 객을 위한 공간으로 규

소문에서 바라본 진입 시퀀스

Alpha House

현관은 공간의 전이감을 주도록 좁고
깊게 만들었다.

정하고 디자인한다고 해도, 객으로서는 '예의상' 외부에 신을 벗어놓고 내부로 들어가는 것이 더 익숙한 모양이다. 수헌정이 완공된 이후 방문객들의 습관을 보니 담, 소문, 앞마당, 대청마루가 있는 수헌정에서 현관을 완전히 새로운 개념의 공간으로 디자인할 수도 있었겠다는 아쉬움이 남는다.

응접실

응접실의 변화

임 교수 응접실은 손님을 맞으려고 특별히 마련한 방이다. 손님이 드나드는 곳이니 집 안에서는 가장 외부와 근접한 곳에 배치해야 한다. 따라서 현관을 지나면 자연스레 응접 공간으로 연결되는 배열이 합리적이다. 알파하우스에서 응접실은 주택 내의 다른 어떤 공간보다도 주인의 취미나 기호 등 개성을 살려 꾸며볼 수 있는 공간이기도 하다.

요즘 아파트에서는 대개 현관을 지나면 곧바로 거실이 나타난다. 가족 생활의 중심이 되는 공간이 그대로 현관 쪽으로 노출되어 프라이버시를 보호하기 어렵다. 외부 손님을 맞으면서도 프라이버시를 어느 정도 지키려면 현관에서 처음 도달하는 곳을 응접 공간으로 마련하는 게 좋다.

아파트는 물론 일반 주택에서도 응접실을 보기 어렵다. 가까운 지인들이라 할지라도 집으로 방문하는 일은 많지 않고 만날 일이 있더라도 카페나 레스토랑을 이용한다. 친지들 간에 오가는 일이 드물다 보니 자연히 접객 성격의 응접실 공간은 주택에서 사라지고 있다.

전통 주택에서는 사랑채가 응접실 역할을 했다. 손님이 주택에 들어갈 때 대문을 거친 후 처음 대하는 공간이 사랑채였다. 사랑채는 보통 사랑마루와 사랑방으로 구성되었는데, 보통 이곳에서 남성들이 친지들과 담소를 나누며 시가를 즐겼다.

외국의 주거 문화가 유입되면서 재래식 주택의 공간 구조도 진화를 거듭한다. 1910년대에 지어진 근대 한옥 도정궁에서는 현관 오른쪽에 마루방을 만들어두고 응접실로 사용했고, 1930년대 경운동에 지어진 민병옥, 정순주 가옥(현 월계동 각심재)에서도 응접실은 현관 제일 가까운 곳에 마련되었다. 사랑채와 안채가 점차 하나의 본채 개념으로 바뀌며 사랑채는 사랑방 또는 응접실 형식으로 주택 건물 내에 통합된다. 물론 외형으로는 근대 한옥의 형식을 유지하고 있었다. 1920년대 문화운동이 사회 전반을 휩쓸고, 생활개선

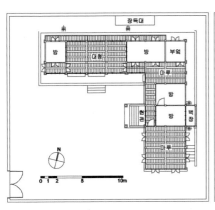

도정궁 평면도 현관에 진입하면 문이 달린 별
도의 마루로 들어설 수 있다.

민병옥 가옥 평면도 현관과 현관마루를 지
나면 응접실이 나온다.

운동과 주택개량운동이 점차 힘을 받으며 문화주택이 등장했다. 특히 외부의 중정을 통해 방들이 연결되는 것이 아니라 내부에서 모든 방이 연결되는 집중식 평면과 서양식 외관을 채택한 문화주택이 선호되었다. 다른 방들은 재래식으로 남아 있었으나 응접실은 입식으로 꾸미고 가급적 서구적 분위기를 내도록 했다.

수헌정에서: 응접실

고리형 동선

임 소장 수헌정의 응접실은 현관을 지나 가장 처음 맞이하는 공간이면서, 동시에 대청마루와 거실을 연결해주는 공간이다. 현관을 지나 내부로 들어오는 첫 공간이기도 하지만 외부 공간인 대청마루로 나갈 수 있는 전이 공간이기도 한 것이다. 현관 이후에 나타난다는 점에서 일반적인 아파트 평면과 별반 다르지 않고, 수헌정에서 유일하게 아파트와 천장 높이가 비슷한 공간이다.

아파트가 그동안 평면상 많은 변화를 겪었지만, 현관을 지나 거실로 들어가는 시퀀스는 변함없이 유지되었다. 수헌정에서는 거실에서 응접실 기능을 떼어내, 시퀀스상 현관 다음에 응접실을 경험하도록 하였다. 위에 언급하였듯이 응접실은 외부의 대청마루와 연결되기 때문에 외부와 하나로 사용하거나 거실의 연장 공간으로 사용되기도 한다. 대청마루와 거실이 상대적으로 천장이 낮은 안락한 응접실을 통해 연결되기 때문에 풍부한 공간감을 느낄 수 있다.

이 응접실 역시 대청마루와 비슷하게 수헌정의 형태를 기울이면서 하부에 생긴 공간이다. 새로이 얻은 공간의 외부가 대청마루라고 한다면, 내부가 응접실인 격이다. 때문에 설계 초반에는 이 공간을 어떻게 사용할 것인가에 대해 많은 논의가 이루어졌다. 처음부터 의도했던 공간이 아니었기 때문이

© 신경섭

데크로 바로 통하는 문이 있어 현관문과 함께 고리ring 모양의 출입 동선이 가능해졌다.(104쪽 도면 참고)

다. 응접실은 외부적으로는 대청마루와 연계되어 좀 더 큰 접객 기능을 감당하기도 하고, 내부적으로는 식사 공간과 연계되어 커다란 하나의 거실이 되고 있다. 매우 적절한 매개 공간이 되고 있는 셈이다.

Alpha House

거실

거실의 기능과 성격

임 교수 거실은 주택 내 다른 공간에 비해 정의가 매우 모호하다. 거실居室의 '거居'는 '산다'는 뜻이다. 명칭만으로 공간의 기능을 이해하기엔 애매하다. 영어의 리빙룸living room 역시 무엇을 위한 공간인지 가늠하기 어렵기는 마찬가지다. 이처럼 거실의 기능은 불분명하지만 다른 어느 공간보다도 융통성이 있다고 볼 수 있다.

서양에서 거실은 손님을 공식적으로 접대하는 장소로 현관에서 들어오면 바로 보이는 곳에 자리한다. 공공적 성격에 맞도록 곳곳에 예술품이나 기념품을 진열하기도 하고, 가문의 역사를 보여주기도 한다. 주택 내에서 공적인 장소인 만큼 옷도 차려입는 편이다. 속옷 차림으로 거실 소파에 드러누워 텔레비전을 보기도 하는 우리와는 거실에 대한 인식이 다르다. 서양에선 손님이 방문할 때를 대비해서 거실 공간을 깨끗하게 유지하는 게 보통이다. 주방 인근에 가족실family room이 있기에 가능한 일이다. 가족실은 좀 어지러워도 괜찮은 공간이다. 서양과 달리 우리 거실은 공적인 접대 기능과 가족실 기능을 겸한다.

바로 이런 점에서 우리네 거실은 양면성을 갖고 있다. 접대와 같은 공적인 기능을 생각하면 늘 깨끗하게 유지해야겠지만, 가족실 기능을 염두에 두고 보면 좀 치우지 않고 느슨하게 두어도 된다. 이런 문제를 피하기 위해 거실 옆에 응접실을 둘 것인지, 아니면 가족실을 둘 것인지는 집주인의 가족 형태나 라이프 스타일에 따라 달라질 것이다.

거실의 역사

전통 주택에서는 대청마루가 오늘날 거실의 역할을 했다. 안채와 사랑채가 분리된 전통 주택에서 안대청은 주택의 중심이 되는 생활공간이었다. 한편 사랑대청은 접객, 교류가 이뤄지던 공간이다. 그러나 근대적 가족 관념이 들어서면서부터 한옥은 하나의 본채로 합쳐진다. 공간 규모의 제약도 있었지만 점차 사랑대청의 규모는 축소되고 안대청은 그대로 남아 가족 공동의 공간으로 변한다.

1930년대 서울 신설동이나 돈암동 등지에 지어진 도시형 한옥에서 이런 경향을 잘 볼 수 있다. 이 시기 대청마루는 유리문을 다는 게 가능해지면서 계절에 관계없이 가족 중심 공간

산업은행 관리 가옥의 대청마루

으로 쓰이게 됐다. 대청마루가 자연스럽게 한옥에서의 '거실'이 된 셈이다.

오늘날과 같은 거실이 등장하게 된 배경에는 선각자들의 노력이 있었다. 구한말 때부터 생활개선운동이 있었고 특히 3·1운동 후에는 문화통치가 시작되며 주택 개량의 일환으로 문화주택에 대한 관심이 높아졌다. 이 시기 우리에게 가장 친근하게 다가온 주택 모델은 서구식 방갈로였다. 1923년 김유방은 방갈로 형식을 모방하여 24평과 27평인 두 개의 소주택 안을 제안한다. 여기서 그는 집의 중심에 '생활실'을 제안했다. 생활실에서 침실이나 주방으로 연결되는 동선을 보여줌으로써 홑집으로 된 한옥의 공간 형식을 벗어나 겹집 형식의 '문화주택'을 제안한 것이다. '거실' 대신에 '생활실'이라

김유방의 이상 주택 1안(27평 모델)

는 명칭을 사용한 것도 눈여겨볼 부분이다. 당시 일본인들이 사용하던 명칭은 '거간居間'이었다. 대청마루를 대신하는 공간의 성격을 고려하면 거실보다는 생활실이 더 가깝게 느껴진다. 거간 또는 거실은 격식 있는 입식 생활을 염두에 둔 생활 방식이고 생활실은 주택 내의 다양한 생활 기능에 관심을 둔 표현이었다고 생각된다.

재래식 주택을 개선하는 구체적인 대안으로 방갈로 형식의 문화주택이 국내에서도 큰 호응을 받았다. 1937년경 윤덕영이 사위 김덕현을 위해 옥인동에 건립한 한식 외관의 이층집(박노수 화백의 주택으로 널리 알려진 이곳은 현재 종로구립박노수미술관으로 쓰인다)은 여러 면에서 주목할 만하다. 당시 최초의 근대적 건축가였던 박길룡 선생에게 의뢰해서 지은 집으로 2013년에 타계한 박노수 화백이 마지막까지 원형을 지키며 사셨다. 이 주택에서는 거실을 중앙에 두고 겹집으로 평면이 구성되어 있다. 겹집이었으나 전열前列만 보면 방과 마루가 인접한 전통 주택의 공간 형식을 그대로 답습한 것이 새롭다. 한인을 위해 한인 건축가가 제안한 초기 '거실'의 모습이다.

이 주택을 1943년 건축가 박인준이 조선 최대의 갑부 박흥식을 위해 설계한 가회동 집과 비교해보아도 흥미롭다. 박흥식 가가 규모 면에서는 더 큰데도 전면의 어느 공간에도 거실 또는 가족실은 없었다. 내실內室이 큰 규모로 되어 있는 것으로 보아 가정 생활의 많은 부분이 내실(안방)에서 이루어졌음을 짐작할 수 있다. 거실 기능을 확신하지 못한 것으로 보인다.

우리나라가 한국전쟁을 거치며 미국으로부터 각종 원조를 받는 동안 서

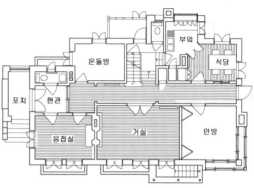

박노수 화백 주택 외관과 거실이 위치한 1층 도면

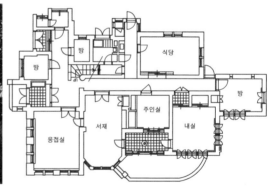

박흥식 주택 외관과 거실이 생략된 1층 도면

양식 생활 방식이 보다 적극적으로 들어왔다. 주택영단이 주택 재건에 활용한 주택 평면에서 거실이라는 명칭이 등장한다. 그러나 1960년대까지 거실이 우리네 주택의 일반적인 실室로는 사용되지 않았다. 1960년대 집 장수들이 지은 개량형 도시 주택을 보면 마루는 작아지고 안방이 커졌다. 재래식 주택에서는 마루보다는 안방이 '생활실'로 더 유용했던 것으로 보인다.

우리나라에서 거실이라는 명칭이 널리 사용되기 시작한 것은 새마을주택이 보급되면서부터다. 새마을운동의 정신인 '근면, 자조, 협동'에서 엿보이듯이 새마을주택의 평면은 입식 생활을 이상적인 생활 방식으로 제안했다. 이때 난방 방식으로 온수난방이 소개되었고, 그 결과 마루가 자연스럽게 거실로 바뀐다.

거실의 장치

거실이 알려진 계기가 된 문화운동은 특히 여성들에게 큰 호응을 받았다. 외국에서 신문물을 경험하고 들어온 소위 '신여성'들이 새로운 생활양식을 주도했는데, 1930년대 조선일보에 실린 '여성선전시대가 오면'이라는 카툰은 신여성의 가치관을 잘 보여준다. "나는 외국 유학생하고 결혼하고저 합니다", "나는 문화주택만 지어주는 이면 일흔 살도 괜찮아요", "피아노 한 채만 사주면" 등의 문장은 신여성의 의식을 보여주는 동시에 어떤 거실을 원했는지도 암시한다. 당시에는 벽난로와 피아노를 갖춘 거실을 이상적인 거실로 보았고, 벽난로 위에 과시용 물품을 진열했다.

최근에는 텔레비전을 비롯해 각종 오디오 제품이 거실 공간을 점령하고 있다. 프랑스어로 거실을 '응접실parloir'이라고도 한다. 거실에서는 '대화 parler'가 매우 중요한 기능임을 암시한다. 그런데 텔레비전에 밀려 점차 거실에서 대화가 사라지고 있다. 주방이 대화 장소로 변모해가는 측면도 있다. 거실의 기능이라고 알려진 가족 간의 친목 기능이 점차 분화하는 추세라 할 수 있다.

1 홍난파 주택 전경. 붉은 벽돌과 뾰족지붕은 문화주택의 특징이다.
2 거실에 보이는 피아노와 벽난로는 문화주택의 상징이었다.
3 새마을주택의 외관. 전면 박공 형식은 서구식 주택임을 암시한다.
4 새마을주택의 거실은 의자식 생활을 제안한다.

수헌정에서: 거실

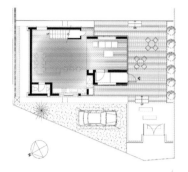

임 소장 수헌정을 계획하며 거실을 마련하는 게 제일 어려웠다. 손님을 맞이하여 잠시 환담을 나누는 공간을 거실이라고 하면 수헌정에서는 응접 공간이 작은 거실인 셈이다. 그러나 수헌정의 중심 공간은 어디까지나 내부에 위치한 거실이다. 거실은 면적으로 보나 층의 높이로 보나 집의 중심이다. 마치 '내부화된 마당'과 같은 공간이다. 주방, 식탁, 화장실이 붙어 있고 거실에서 서재와 2층 침실이 보인다. 거실에 앉아 있노라면 마치 패놉티콘처럼 주택의 모든 공간을 조망할 수 있다.

시선이 모이는 곳이 가장 중요한 장소라고 한다. 그만큼 집중도가 높기 때문이다. 수헌정에서는 거실이 가급적 다양하게 활용되기를 원했다. 이 공간에는 주방의 아일랜드 테이블과 식탁이 모두 개방된 형태로 배치되어 있다. 벽으로 구획하여 실로 마련할 수 있는 공간을 통합하여 하나의 열린 공간으로 두었다. 수헌정의 거실이 살롱 문화의 거점이 되었으면 하는 바람 때문이다.

우선 이 거실은 은퇴한 부부가 생활하기에 적합해야 한다. 부부가 집 안에 들어오면 거실의 소파에 앉아 텔레비전을 보는 대신 아일랜드의 하이체어에 앉아 대화를 나눈다. 대화를 나누다가 바로 옆의 냉장고에서 음료를 꺼내기

©신경섭

도 쉽고 맥주나 와인을 마실 때에도 자리를 옮길 필요가 없다. 수헌정의 거실에서 아일랜드 테이블은 주방 가구라기보다 거실의 공간 요소에 가깝다.

그리고 가족들이 함께 모여 시간을 보내는 공간이 되도록 배려했다. 거실에는 텔레비전을 두지 않았다. 거실은 두 개 층 이상의 높고 큰 공간이므로 음악을 듣기에 적합하다. 또한 친구나 동호인 들이 방문하였을 때에도 잘 활용되도록 배치를 고심했다. 아파트에 손님이 오면 남자들은 거실 소파에 앉고 여성들은 부엌에 모이는 경우가 많다. 각각의 공간이 분리되어 있으니 대화가 어렵다. 수헌정에서는 주방의 아일랜드를 제법 크게 만들어주었기에 이 주변에 여성들이 모여 앉고, 남성들은 식탁 주변에 모여 앉으며, 계단 하부에는 스툴을 두어 융통적으로 공간을 사용하도록 하였다. 벽이 없는 한 공간에 모여 있으면 자연스러운 교류가 가능하리라 생각한다.

수헌정의 거실은 규모가 큰 강연회나 음악회 혹은 세미나 같은 행사를 위한 공간이기도 하다. 8인용 식탁은 행사용 헤드 테이블로 손색이 없다. 쉽게

오픈하우스 때 유용하게 사용된 거실 공간

움직일 수 있도록 식탁과 의자는 가급적 무게가 가벼운 것으로 택했다. 경사진 벽은 화면으로 쓸 수 있도록 흰색으로 마감했다. 거실이 구심적 공간이 되도록 설치한 계단은 서재, 갤러리 공간과 연결되어 식탁이 있는 부분에서 서재 쪽을 올려다보면 작은 공연장을 보는 것 같다. 집은 40평이 안 되는 규모이지만 제법 커다란 공연장을 품고 있는 모양새가 된 것이다. 재래식 주택에서 마당이 모든 방의 공간을 연결하여 하나의 커다란 생활 중심 공간이 되었던 것처럼 수헌정의 거실도 같은 역할을 하고 있다. 옛날 우리 주택의 마당에서는 각종 '소리(음악)'도 가능했었다.

갤러리 기둥이나 브래킷 등으로 지지
되어 상층부에 마련된 복도 형식의
공간

주방

부엌의 변화

임 교수 『양택삼요陽宅三要』에 의하면 대문(문門)과 방(주主)에 이어 부엌(조 灶) 위치는 주택에서 가장 중요한 요소 중 하나다. 전통적으로 부엌은 신성한 불을 담고 있는 공간이자 수명과 재운의 신을 모시는 공간으로서 복을 기원하는 상징적 의미도 있기 때문이다.

부엌은 주택의 변천과 함께 가장 많은 변화를 보여온 공간이다. 전통 주택에서의 부엌은 취사와 난방 기능을 동시에 할 수 있도록 부뚜막을 두었다. 외부보다 바닥이 낮아 드나들기 어려운 데다 보통 마당의 우물에서 물을 길어 와야 해 불편이 이만저만이 아니었다.

1930년대에 등장한 도시형 한옥(개량 한옥)은 부엌에 많은 변화를 가져왔다. 개수대를 넣고 바닥을 타일로 마감하는 등 위생적 측면이 크게 향상되었으나, 여전히 마당에 수도 시설과 장독대가 있었기에 가사 노동의 강도가 크게 줄지는 않았다. 그러나 안방에서 식사가 이뤄지면서 부엌과 안방 사이 벽에 작은 쪽문을 두어 음식을 전달하기도 했고, 부엌의 뒤쪽에서 안방에 이르는 툇마루를 두어 통행하기도 했다. 현관이나 마당에서 음식 나르는 모습을 보이지 않게 하기 위함이었다.

한국전쟁이 끝나고 개량형 도시 주택이 보급되면서 과도기적 부엌이 등장했다. 부엌에 수도와 배수 시설이 들어오면서 입식 형태의 조리대와 작업대가 설치된다. 그러나 이때까지만 해도 부엌의 바닥은 외부 공간적 성격에 머물러 있었다. 1970년대 새마을주택이 보급되면서 비로소 거실 바닥과 높이가 같은 입식 부엌이 등장한다. 같은 시기에 '마루'가 '거실'로, '부엌'이 '주방'으로 명칭이 바뀐다. 냉장고와 텔레비전이 귀할 때라 안방에 놓기도 했다. 텔레비전이 거실로, 냉장고가 주방으로 옮겨지는 데 제법 시간이 걸렸다. 주택업자들은 '불란서주택'이라는 명칭을 붙여 서구적 생활을 할 수 있는 주택임을 암시하였다.

아파트 보급과 함께 입식 부엌은 점차 일반화된다. 부엌은 입식이어도 식사는 여전히 안방에서 하는 경우가 많았다. 1970년대 말 서울 시민을 대상으로 조사한 한 연구 보고서에 의하면 64.3퍼센트가 안방에서 식사하는 것으로 조사됐다. 당시 부엌은 입식화가 이루어지기는 했지만 폐쇄적 개실個室로 계획된 것이 많았다. 1980년대를 지나면서 가스 연료가 보급되고 냉장고나 전자레인지 같은 주방 제품이 보편화되면서 주방은 오늘날 우리에게 익숙한 형식으로 변모한다.

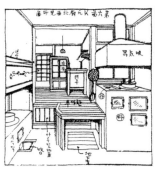
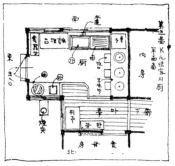

박길룡이 제안한 K 씨 주가의
주방 내부 상세도(동아일보
1932년 게재)

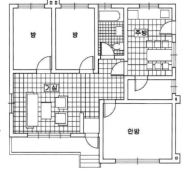

1970년 불란서주택의 도면과
주방 모습

열린 주방과 아일랜드

여성의 사회 진출이 장려되고 가정 내 남녀 역할 구분이 허물어지면서 여성
의 영역으로만 생각되던 주방 역시 변하고 있다. 여성 중심의 영역이었던 주
방이 가족 구성원 전체를 위한 공간으로 변모하면서 열린 공간으로 구성하
는 것을 선호하게 되었다. 일반적으로 집 안의 어두운 북향에 자리하던 주방
의 위치도 바뀌게 되었다. 과거 북향을 선호한 데는 음식을 보관하기 용이하
다는 이유가 있었지만, 냉장고 등 가전제품의 발달로 방향 제약이 사라지게

되었다.

 이제는 이 열린 주방이 어떻게 다른 생활공간과 유기적으로 관계를 맺는가가 중요해졌다. 이를 가능하게 해주는 주방의 요소가 아일랜드라고 볼 수 있다. 아일랜드는 수납장과 별반 다를 바 없지만, 배치 방식에 따라 주방의 개방에 차이가 생기고, 다른 생활공간과의 연계성도 달라진다. 건축 벽체는 아니지만 하나의 공간을 구성하는 매우 중요한 요소가 되는 것이다.

 최근 '먹방(먹는 방송)'과 '쿡방(요리 방송)'이 무척 인기를 끌고 있다. 남녀노소 할 것 없이 앞치마를 두르는 데 주저하지 않는다. 특히 남성 요리사와 출연자가 등장하는 프로그램이 확연히 늘어났다. 여자 요리사가 주인공이고 남자는 옆에서 보조 역할을 담당하던 때와는 완전히 달라진 모습이다. 요리 대한 인식이 노동labour에서 함께 즐길 수 있는 작업work으로 바뀌면서 주방의 중요성은 더 커지고 있다.

수헌정에서: 주방

임 소장 수헌정에서의 주방은 엄밀히 따지면 '방'은 아니다. 우리의 전통 주거 양식에서 하나의 실로 자리 잡고 있기 때문에 주방이라는 말이 익숙하지만, 이제는 많은 주택에서 열린 주방 형식을 차용한다. 어떻게 보면 모순적이라고 볼 수도 있는 열린 주방이 수헌정에서도 사용되었다. 열린 주방 혹은 오픈 키친은 영화나 드라마에서 나오는 것처럼 마냥 낭만적이지 않다. 주방처럼 지저분해지기 쉬운 공간이 탁 트여 있으면 스트레스가 굉장할 것이다. 게다가 조리할 때 나는 냄새를 생각해보라. 주방을 개방하는 것만이 정답은 아니다. 더욱이 방문객이 자주 찾는 알파하우스에서 주방을 공개한다는 것은 더 큰 부담이다.

그러나 열린 주방은 기존 부엌이 제공하지 못하는 다양한 가능성을 제공한다. 기존 부엌이 단순히 '조리하는 곳'이라면, 열린 주방은 요리하는 사람과 기다리는 사람의 인터랙션이 일어나는 공간이기에 굳이 조리를 하지 않더라도 활용할 수 있다. 최근 카페는 물론이고 레스토랑에서

개방적인 주방으로 공간을 더욱 다양하
게 활용할 수 있다.

도 주방을 손님에게 개방하는 것도 비슷한 맥락에서 이해할 수 있다. 주방은 인터랙션이 잘 일어날 수 있는 공간 중 하나이기 때문이다. 아직도 한 테이블에 둘러앉아 음식을 먹는 것이 우리에게 더 익숙하지만, 종종 수헌정에서는 아일랜드에 음식을 차려놓고 각자가 덜어 먹는 대규모 행사가 열린다. 주방이 안주인만의 공간이 아닌 모두의 공간으로 공유되는 시간이다.

식사 공간

식사 공간의 변화

임 교수 우리나라 옛날 가옥을 보면 식사하는 공간이 특별히 정해져 있지는
않았다. 방이나 마루에 밥상을 두고 식사를 했겠지만 아녀자들은 부엌에서
식사를 하는 경우도 많았을 것이다. 음식을 방으로 나르는 수고를 덜기 위해
작은 크기로 만든 '소반'에는 조상의 지혜와 멋이 담겨 있다. 조선 시대에는
유교 사상에서 비롯된 남녀유별과 장유유서 의식이 강해 겸상보다는 독상
을 차렸다. 대갓집에서는 잔칫날 손님들에게
일일이 독상으로 대접해야 했기에 많은 양의
소반을 보유했다. 지금도 종갓집에 가보면
대청마루 위에 선반을 매고 소반을 올려놓은
모습을 볼 수 있다. 물론 대가족이 함께 모여
식사를 하는 경우엔 커다란 교자상이 쓰이기
도 하였다.

　밥상을 이용하는 식사 방식은 근대 한옥에

양동마을 양반집의 대청 위에 걸린
소반들

서도 이어진 듯하다. 도정궁의 경원당이나 정순주 가옥과 같은 근대 한옥에서 부엌 옆에 별도로 마련한 식사용 공간이 보인다. 식사를 위해 배려한 공간임을 알 수 있다.

문화주택이 소개되면서 식사 공간도 변하기 시작하였다. 1920년대 초 문화주택 현상설계에서 당선된 작품을 보면 주택의 중앙부에 '거간 겸 식당'이 있다. 가족 중심의 생활공간을 함축적으로 보여주는 공간 배치다. 식탁과 의자도 등장한다. 좌식 생활에 맞는 소반이나 밥상에서 입식 생활을 위한 식탁으로 넘어간 것이다. 박노수 화백의 주택에도 별도의 식당 공간에 다이닝 테이블이 마련되었다. 일제강점기에 한인들의 주거 사정은 열악했을 것이고 이런 수준의 주택이 많지는 않았을 터이니 그리 널리 퍼지지는 못했을 것이다.

광복 이후 일반적인 재래식 주택에서는 안방이나 마루에서 식사가 이루어졌다. 1970년대 새마을주택에서는 보일러가 보급되면서 온수를 사용하는 입식 부엌이 자리 잡았고, 부엌 공간 한편에 작은 식탁이 놓인다. 거실 공간과 단 차이가 없어 편리한 입식 생활이 가능해진 것이다.

일반 단독주택에서 다이닝 키친(DK형)이 폭넓게 받아들여졌다. 이런 경향은 1960년대에 부유층을 위한 저택을 지으면서 건축가들이 다이닝룸을 독립된 실로 구성하거나 리빙 다이닝(LD형)을 제안하던 것과 비교해보면 매우 흥미로운 부분이다. 부유층의 다이닝룸은 공적 기능을 수행하는 거실

다이닝 키친(DK형) 다이닝 기능이 주방에 속하는 형식

리빙 다이닝(LD형) 다이닝 공간이 거실과 연계되는 형식

과 인접하여 남에게 보이는 모습까지 대비하고 있었다. 거실만큼이나 다이닝룸도 값비싼 기념품으로 진열되는 게 보통이었다.

1970년대의 단독주택에서는 이러한 다이닝룸이 주택 규모에 따라 받아들여지지 않기도 했지만 아파트가 보급되면서 점차 거실과 연계된 다이닝룸은 널리 보급된다. 공간이 큰 경우 다이닝룸을 별도로 확보했지만 공간이 좁으면 주방 내에 배치하되 거실로 열려 있도록 만들어 개방성을 높여주었다.

다이닝룸의 의미

식사하는 공간이 정해져 있지도 않았던 시대도 있었지만 소득 수준이 올라가며 우리에게도 다이닝룸은 제법 익숙한 공간으로 자리 잡았다. 그러나 1950년대 이후 서양에서 다이닝룸은 서서히 사라지는 추세다. 요즘은 주방이나 가족실에서 식사를 하거나 심지어 저녁 식사 때에도 테이블에 앉아 식사를 하기보다는 카운터에 서서 식사하기도 한다. 분리된 다이닝룸이 있더라도 친구나 친척들이 방문했을 경우 사용될 뿐 그 빈도가 줄면서 재택 사무 공간이나 아이들이 숙제하는 장소로도 활용된다.

한편 다이닝룸의 가구에도 의미는 있다. 기능적인 것부터 격식을 중시한 것까지 테이블 모양도 매우 다양하다. 원형 테이블은 평등함을 상징하고, 정방형 테이블도 비교적 균등성을 나타낸다. 그러나 장방형의 테이블은 누가 어디에 앉는지가 중요하다. 보통 주방에서 제일 먼 곳의 모서리 쪽에 가장이 앉고 반대쪽에 주부가 앉았다. 테이블에 앉는 방식에도 예절이 있다. 현대그룹의 고 정주영 회장이 아침에 자손들과 함께 필운동 주택에서 식사를 하고 계동 사옥까지 함께 걸어서 출근한다는 신문 기사가 났었다. 식사를 하며 예절 교육과 훈육이 이루어졌을 것으로 보인다.

식구들의 유대감에 미치는 영향을 고려해보면 다이닝룸은 가족애, 우정, 환대를 보여줄 수 있는 필수적인 공간이 아닐 수 없다. 그러나 알파하우스에서 의미 있는 식사 공간을 마련하려면 누구와 어느 때에 어떤 종류의 식사를 하는지도 고민해야 한다.

부부만 있다면 아침에는 샹들리에 아래의 커다란 식탁에서 식사를 하기보다는 밝은 아침 햇살을 받으며 작은 공간에서 식사하는 것이 의미 있을 수 있다. 물론 저녁 식사는 보다 공적인 의미가 있고, 하루를 마무리하는 시간이기에 격식 있는 공간이 필요할 것이다. 외부 손님을 초대하여 자신의 집 다이닝룸에 모시는 일은 최상의 '환대'를 보여주는 행위가 아닐 수 없다. 알파하우스에서는 어떤 부류의 손님을 어떻게 모실 것인가가 매우 중요한 공간 계획의 요소였다.

만약 다이닝룸이 가족과 이웃 간 교류의 핵심적 공간이 될 수 있다면 다이닝룸이 없다는 것은 이와는 상반되는 기능으로 이해할 수도 있을 것 같다. 사회주의사상에서 출발한 모더니즘 초기에는 가급적이면 아파트에서 부엌과 다이닝룸을 없애려 했다. 건축가 마르가레테 쉬테-리호츠키(Margarete Schütte-Lihotzky, 1897~2000)가 설계한 프랑크푸르트식 부엌은 수납장과 불

프랑크푸르트식 부엌

박이 싱크대를 처음 선보인 부엌으로 기능적 합리주의를 맹신하던 바우하우스의 산물이었다. 우리가 아직까지도 굳게 믿고 따르는, 주방 공간을 바라보는 기능주의적 시각은 주방에서 음식을 준비하는 것이 단순히 일의 영역에 머물기보다는 즐거운 작업이 될 수 있음을 간과하고 있는 것이다.

다이닝 공간의 가능성

다이닝 공간이 거실과 함께 있으면 리빙 다이닝이 되고, 주방에 속하면 다이닝 키친이 된다. 물론 다이닝 공간이 독립되면 다이닝룸이다. 서양에서는 물론 우리나라에서도 식구들과 함께 다이닝룸에서 식사하는 가족은 많지 않은 것 같다. 아이들이 학교에 다니기 시작하면 식사 시간을 맞추기 어렵고 퇴근 시간도 일정하지 않은 게 우리네 현실이기 때문이다.

외식이 크게 늘어나는 추세인 걸 보면 가족이 모여 저녁 식사를 하는 게 점점 어려워지는 것 같다. 오죽했으면 어느 정치가가 '저녁이 있는 삶'을 슬로건으로 걸기까지 했을까. 이제는 친척들 간에도 명절을 제외하면 왕래가 드물다. 기능 자체만으로 보면 다이닝만을 위한 공간의 수요는 점차 약화되고 있다. 그럼에도 리빙 다이닝과 같은 공간을 만드는 것은 아직은 주택 내에서 개별적으로 구획된 공간보다는 하나의 구심적 공간을 만들 필요가 있다고 느끼기 때문일 것이다. 하나의 가족을 공간적으로 드러내려는 뜻이 숨어 있다.

그러나 우리나라 일반 단독주택의 발전 과정에서 보면 주방과 다이닝을 하나의 공간에 두는 다이닝 키친이 널리 선호되었다. 다이닝 키친의 장점은 주방에서 하는 음식을 바로 먹는다는 점과 무엇보다도 음식을 하는 주부와 음식을 먹는 가족이 이야기를 계속할 수 있어 친밀감을 높힐 수 있다는 점이다. 한 외신 보도에 의하면 유럽에서 가족이 함께 가장 오래 머무는 주택 내 공간이 바로 식사 공간이라고 한다.

수헌정에서: 식사 공간

임소장 알파하우스에서 식사 공간을 구성하는 것은 생각보다 중요하고 또 어려운 일이다. 손님을 초대하면 으레 식사 한 끼 하는 것이 우리 문화이기 때문에, 누군가가 수헌정에 방문하면 식사 혹은 다과를 대접하는 게 자연스럽다. 계획 초기에는 식탁을 주방과 마주 보는 곳에 두려고 했지만 '주방에 딸린' 식사 공간처럼 느껴진다는 단점이 있었다. 또 한 번 강조하지만, 알파하우스에서의 식사 공간은 친교와 교제의 기능이 우선이기에 오로지 가족의 식사 공간처럼 느껴지는 것을 지양하고자 하였다.

결국 수헌정에서는 일반적인 주택이라면 소파와 텔레비전이 있을 법한 공간에 식탁이 들어섰다. 함께 음식을 나누면서 교제하는 우리의 문화가 알파하우스에서 그대로 드러나기를 바랐고, 이 배치를 통해 공간을 가변적으로 사용할 수 있는 가능성이 생기기 때문이다. 40평이 안 되는 알파하우스에 8인용 식탁을 두는 것이, 어찌 보면 과감한 혹은 무리한 시도라고 볼 수도 있다. 하지만 많은 손님이 방문할 때나 작은 강연을 열 때는 언제든지 식탁을 한편으로 옮겨 공간을 확보할 수 있었다. 일견 '쿨하지 못한' 방법 같지만, 이 가변성 덕분에 수헌정을 다양한 용도로 사용할 수 있다. 물론 수십 억을 호가하는 뉴욕의 콘도 같은 데서야 기계장치 등을 활용해 매우 세련된 방법으

식탁은 가벼운 제품으로 마련해
필요에 따라 쉽게 옮길 수 있다.

로 가변성을 확보하지만, 모든 프로젝트가 그런 호사를 누릴 수는 없다. 그러한 경우 가변성 있는 가구를 고려하는 것도 방법이다.

사실 기성품 중에 옮기기 쉬운 가구가 많지는 않다. 붙박이는 차치하더라도 책장이나 옷장은 내용물을 다 걷어내기 전에는 옮기기가 힘들고, 소파나 침대는 무게가 만만치 않다. 하지만 식탁은 성인 두 명이면 옮기는 데 문제가 없다. 만약 식당이 가끔 다른 공간으로 사용되기를 원한다면 충분히 시도해볼 수 있는 것이다.

다양한 용도로 쓰이는 식사 공간

서재

서재를 원하는 이유

임교수 아파트에는 자신만의 공간이 없다고 푸념하는 중년 남성들이 많다. 회사에서 일을 마치고 집에 돌아와도 편하게 쉴 만한 곳이 마땅치 않기 때문이다. 거실에서 텔레비전을 보려면 공부하는 아이들 눈치를 보기 일쑤고, 그렇다고 안방에 들어가 무료히 시간을 보내기도 어려운 노릇이다. 과거 사랑채의 주인이었는데 세월이 변하여 이제는 자신만의 공간 하나 없이 살아가는게 요즘 가장의 신세다. 이런 이유로 많은 남성들이 '서재'를 갖고 싶어 한다.

서재란 책을 읽으며 쉴 수 있는 공간을 의미하나 남성들이 원하는 것은 간섭받지 않고 혼자 있을 수 있는 나만의 공간이다. 남성들이 이렇게 자기만의 공간을 갈구하게 된 데에는 주택 공간의 대부분이 이미 여성화, 아동화되었기 때문이다. 안방이나 주방은 본래 여성들의 공간이었고, 거실도 지배권이 여성에 속하는 경우가 많다.

모 신문사에서 주관하는 '살기 좋은 아파트' 선발을 위해 신규 아파트 단지를 방문했는데 내부 공간이 서울이나 지방이나 큰 차이가 없었다. 거실에는 대형 텔레비전이, 주방에는 커다란 양문형 냉장고가, 안방에는 대형 더블 침대가 자리 잡고 있었다. 사는 이마다 직업이 다르고 연배도 다르고 살아온 방식이 다를 텐데 사는 공간과 가구가 다 같다는 것은 선뜻 이해하기 어렵다. 상업적 광고에 휩쓸려 개성을 포기한 삶의 공간을 보는 듯했다.

일과 휴식 사이에서

서양에서는 '서재'를 일과 여가를 오가는 작은 일탈의 공간으로 본다. 건축가이자 저술가인 에드윈 헤스코트(Edwin Heathcote)는 서재를 일상적인 일, 골치 아픈 가정사에서 탈출하여 자신의 개성을 알릴 수 있는 지극히 사적인 공간으로 규정한다. 이런 공간에서 자기가 좋아하는 책에 둘러싸여 부담 없이 이 책 저 책 읽을 수 있다면 그야말로 커다란 즐거움이 아닐 수 없다. 그러나 현실적으로 볼 때 서재가 즐거움만으로 가득한 공간이 되기는 힘들 것이다. 에드윈 헤스코트가 서재를 휴식처이자 일하는 공간이라고 여긴 것은 서재에 작업실 기능도 따른다고 생각해서일 것이다.

퇴계 이황 선생이 말년에 학문에 정진했던 도산서당은 서재가 갖춰야 할 본질적 기능을 완비한 공간이다. 온돌방 '완락재'는 몸과 마음을 깨끗이 하며 글을 읽고 잠을 잔 공간이고, 마루 공간 '암서헌'은 공부로 피로한 심신을 달래주는 공간이자 손님을 접대하는 공간이었다. 부엌은 음식을 장만하는 곳이라기보다 온돌방에 불을 넣고 간단히 물을 끓이는 정도로 쓰인 공간이었다. 전통 주택에서는 서재의 기능이 주로 사랑채에 있었다. 선비들은 그럴 듯한 자신만의 공간을 향유하고 있었다.

20세기 초 시대가 바뀌며 우리나라에서도 점차 문화주택이 인기를 끌었다. 재래식 주택을 개선하고 가족 중심적인 문화주택의 시안을 마련해보자는 취지로 시행된 조선주택회의 현상공모에서 당선된 안을 보면 '서재 겸 응접실'이라는 명칭이 등장한다. 이곳은 현관으로 들어선 다음 홀 공간(광간, 廣間)에서 출입하고, 내부적으로는 중앙에 위치한 '거간 겸 식당'과 연계되어 있었다. 서재를 응접실과 하나의 공간 속에서 해결한 게 주목할 만하다. 도산서당의 암서헌과 완락재가 통합된 모습이었다. 공간 제약이 있는 경우, 서재는 두 개의 기능이 통합된 형식이 가장 일반적이었다. 그러나 여유가 있다면, 박흥식 주택에서처럼 서재는 응접실과 분리되어 마련되었다. 서재와 응접실이 가까이 있으면 서재의 본래 기능인 일과 휴식이 모두 가능할 것이다.

대학교수, 명사 들의 서재

대학교수들은 대부분 연구실을 하나씩 배정받는다. 크지는 않지만 연구실을 자신만의 '서재'로 꾸미기 위해 많은 노력을 기울인다. 대부분 벽 쪽에는 책장을 배치하고, 책상을 하나 둔 다음 소파를 놓는다. 책상에 앉아서 연구나 일을 하다 쉬고 싶거나 손님을 맞이할 때는 소파를 이용하는 방식이다. 그런데 대학 사회에 개혁이라는 이름의 변화가 찾아오면서 언제부터인가 소파는 없어지고 점차 회의용 테이블이 들어서고 있다. 앉아서 차를 마시며 담소하는 시간은 줄이고 일에 매진해야 한다는 계산이 깔려 있다. 대학교수의 연구실을 집에서 보면 서재나 다름없을 것이다.

과연 책상과 테이블을 놓고 일만 하는 공간이 연구실의 이상적 모습일까. 일하는 공간일수록 바로 옆에 쉴 수 있는 공간이 마련되어야 능률적인 연구가 이루어진다. 서재가 창의성을 발휘하는 효율적 공간이 되려면 인간의 여가 욕구도 염두에 두어야 함을 잊지 말아야 한다. 연구실이 일터이면서 동시에 쉼터가 되어야 하는 이유다.

서재 공간의 이중적 본질 때문인지 명사들은 서재를 다양하게 해석하며 자신만의 공간을 꾸미는 것 같다. 시 쓰는 수녀 이해인은 자신의 서재를 '마법의 성'으로 규정한다. "나에게 서재는 마법의 성과 같아요. 즐겁게 취미 생활을 할 수 있는 놀이터가 되기도 하고, 어떤 시상이 떠올랐을 때 글 쓰는 작업실도 되고요." 동시에 "좋은 책을 찾아 읽는 독서실이며, 지인들과 함께할 수 있는 만남의 장소가 되기도 하는, 모든 것이 될 수 있는 마법의 성 같은 장소"라고 풀이한다. 소설가 알랭 드 보통은 서재를 책을 쓸 수 있게 만들어주는 '창조의 도구'로 정의하기도 했다.

수헌정에서: 서재

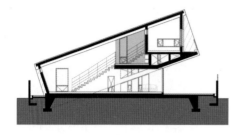

임 소장 수헌정에서 초기부터 가장 중요한 공간으로 자리 잡은 것이 서재였다. 건축주인 부모님은 오랫동안 대학에 계셨던 분들이라, 은퇴 이후 연구와 집필을 할 수 있는 공간이 수헌정에 꼭 있기를 바라셨다. 또한 워크샵이나 세미나가 가능한 공간을 원하였는데, 수헌정의 서재가 이 역할을 담당할 수 있을 것이라 생각했다. 하지만 여러 인원을 수용할 수 있는 서재를 만드는 것이 쉽지만은 않았다. 폐쇄적인 공간에 공공적인 활동을 담는 건 나의 의도와도 맞지 않았다. 그것은 수헌정이 추구하는 알파하우스로서의 공간이 아니었다. 그래서 고려한 것이 1층과 2층 사이에 마련된 메자닌에 서재를 열린 공간으로 두는 것이었다.

서재는 거실이나 방과 공간적으로 구분되어야 좋다고 생각하였다. 거실에서 독립되어 있을 때 서재가 의미를 띠기 때문이다. 또 공공적인 활동이 가능해야 하므로 침실과도 분리되어야 한다. 건축에서 하나의 공간을 다른 공간에서 독립시키는 방법은 여러 가지다. 시각적, 물리적 장치는 물론 모호

메자닌 두 개 층 사이에 있는 중층. 일반적으로 천장 높이가 낮고 개방적인 발코니 형식이다.

© 신경섭

청평호를 바라볼 수 있는 메자닌의 서재

한 경계만으로도 두 공간을 구분할 수 있다. 아파트는 벽으로 공간을 구분한다. 방과 방이 두꺼운 벽으로 완전히 단절되어 있으며, 거실과 방 역시 마찬가지다. 언젠가부터 가족들 사이에서도 완벽한 프라이버시를 지킬 수 있는 공간이 '좋은 공간'으로 여겨지는 분위기다. 은둔형 외톨이가 많아지는 현상은 현대 주거 공간의 형식과 무관해 보이지 않는다.

수헌정의 공간은 모두 유기적으로 연계되기를 원했다. 벽으로 모든 것을 차단하기보다는 시각적으로는 이어지되, 공간적으로는 구분하는 식이다. 거실보다 한 층 높은 메자닌 레벨에 서재를 배치하면 거실 공간과는 구분되지만, 시각적으로는 연결된다. 이 같은 배치는 가장 공적인 공간에서 가장 사적인 공간으로 이어지는 시퀀스(거실-서재-침실)에 일조한다. '침실'은 프라이버시를 위해 벽을 세웠지만, 클리어스토리창을 설치해 공간이 연계되는 느낌을 살렸다.

아무리 건축가가 '서재와 거실은 공간적으로는 분리하되 시각적으로 연계하여 분리를 느슨하게 하고 서재와 거실을 유기적인 공간으로 만든다' 한

클리어스토리창 사람의 눈높이보다 위에 위치한 창. 시각적인 간섭은 줄이고 빛은 통과시켜 공간의 연속성을 유지해준다. ⓒ신경섭

들 사용자가 의도를 느끼지 못하고 활용하지 못하면 의미가 없다. 수헌정에서 의도한 이 유기적인 공간은 다행히 잘 사용되고 있다. 수헌정에서 열린 다양한 행사를 관찰한 결과, 메자닌의 서재는 때에 따라서는 무대나 관람석이 되기도 한다.

동시에 서재는 세미나를 위한 공간으로 사용되기도 한다. 약 40평의 공간에서 가변성, 유기성은 매우 중요하다. 각 공간의 실질적인 쓰임이나 의미를 고려하지 않고 공간을 확보하는 데서 설계가 그친다면, 알파하우스의 가능성은 제한될 수밖에 없다.

ㄷ자 평면은 서재 공간에 풍성함을 더하는 요소다. 계단에서 올라와 메자닌의 서재를 가로지르면 다시 계단과 평행한 '갤러리'가 나온다. 원래 서가로 꾸미려던 이 공간은 높이도 낮고 폭도 좁기 때문에 실용성이 떨어진다. 하지만 이 공간이 사족이 아니라 '화룡점정'이 될 수 있었던 이유는 크게 두 가지 때문이다. 첫째는 ㄷ자 평면이 마치 거실을 무대로 하는 공연장의 발

중, 소규모의 세미나가 가능한 서재 공간

코니 같은 느낌을 준다. 실제로 거실에서 강연이 열릴 때 사람들이 ㄷ 자 공간에 앉기도 한다.

또 다른 하나는 건축가 찰스 무어(Charles Moore)가 이야기하는 공간에 대한 감흥과 관련되어 있다. 그는 신체의 움직임에 따라 인간이 공간을 체험하는 감흥도 변화한다고 역설하였다. 가장 큰 감흥을 주는 움직임 중 하나는 이동한 방향에서 돌아서서 자신의 이동 경로를 다시 보는 것이다. 산 정상에 올라 산길을 되돌아보면 감동이 큰 것과 비슷한 이야기이다. 수헌정 메자닌의 ㄷ 자 공간도 비슷한 역할을 한다. 계단에서 시작된 움직임이 메자닌 레벨에서 180도 방향 전환을 하며 서재뿐만 아니라 거실과 주방까지 새롭게 체험하게 한다. 효율성 측면에서 미흡해 보이는 이 작은 공간 덕분에 수헌정의 열린 공간이 다소 안정되어 보이고 풍부한 경험이 가능해진다.

ㄷ 자 공간이 평면상에서 서재가 있는 메자닌 레벨을 풍부하게 해주는 요소라면, 단면상에서 침실 하부에 있는 다락(수납공간)은 여유 공간을 제공한

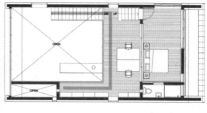

ㄷ 자 공간과 평면

Alpha House

다. 주택에서 잘 보이지는 않지만 반드시 필요한 공간이 창고 혹은 수납공간이다. 일반적인 아파트와는 다르게 보일러 놓을 자리도 필요하고 경우에 따라서는 물탱크 놓을 자리도 필요하다. 이 외에도 보안 장치나 통신 설비들이 들어갈 장소가 필요하기도 하다. 수헌정에서는 단면상 보이는 삼각형 공간이 이러한 역할을 한다. 사실 이 부분은 캔틸레버로 뻗어 나가는 부분의 구조를 해결하기 위해 필수적으로 생겨난 공간이다.(144쪽 단면 참고) 그렇다고 해서 이를 단순히 버리는 공간으로 두기에는 수헌정이 그다지 여유롭지 않았다. 그래서 여러 창고에 들어가야 할 기능들을 이 삼각형 공간에 넣기 시작하였더니 제법 하나의 공간이 되었다. 어릴 적 할머니 댁 다락방에서 숨바꼭질을 하곤 했는데 조카들은 이 공간을 다락방처럼 여기며 뛰논다.

아이들이 좋아하는 낮은 높이의 공간

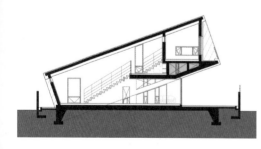

건물의 형태와 구조상 생길 수밖에
없었던 수납공간의 단면

안방

안방, 영원한 모태 공간

임 교수 안방은 안채의 부엌에 딸린 방을 일컫는다. 안주인이 거처하는 방으로 규방 또는 내실이라고도 불렀다. 그러나 이것은 어디까지나 과거의 정의고 오늘날엔 주인 부부가 잠을 자는 곳을 이른다. 안방은 안주인의 공간이든 부부의 공간이든 취침 기능에 어떤 '알파'적인 기능과 정서가 담긴 공간이라고 생각한다. 우리에게 안방은 단순한 잠자리에 머물지 않고 어머니 품과 같은 따뜻함을 느낄 수 있는 곳이 아닐까. 그 배경에는 온돌 문화가 있겠지만 태어나서 관혼상제를 치르는 곳이 안채인 것을 생각하면 안방은 집의 중심에 있다고 해도 과언이 아니다.

　그러나 지금은 그 공간의 성격이 빠르게 바뀌어가고 있다. 가족 구성원의 나이나 취향에 따라 안방을 인식하는 데 편차가 있다. 전통 한옥에서 안채의 안방은 당연히 안방 마님의 영역이었다. 안방은 안주인이 거처하는 곳으로 출가 전인 여식이나 며느리가 주로 생활하던 공간이었다. 주택 내에서는 동북쪽이나 서북쪽 구석의 모퉁이에 자리 잡아 잘 드러나지 않았고 해도 잘 들지 않았다. 20세기 들어 생활 의식의 변화로 부부 별침은 사라지고 사랑채와 안채가 하나의 본채로 통합되기에 이른다.

1930년대에 개발된 도시형 한옥의 안방이 대표적 사례다. 1960년대에 개발된 도시형 개량 주택에서는 안방이 남쪽에 면하여 제일 큰 면적을 차지했다. 이때 안방은 마루보다도 큰 게 보통이었다. 향상된 여성의 지위와 안방이 수행하는 가족실 기능을 고려할 때 합리적인 선택이다.

당시 안방은 부부의 침실이면서 식사도 하고 식구들이 담소를 나누는 가족실이기도 했다. 새마을주택이 보급되면서 주방과 거실은 빠르게 입식화되지만 안방은 예외였다. 침대를 놓으면 가족실로서의 기능이 떨어지기 때문이다. 당시만 해도 안방에서 명절 때 세배를 드리거나 제사를 지냈다. 그러나 1970년대에 지어진 저택에서는 안방에 침대를 놓을 수 있는 별도의 공간이 마련되었고, 미세기를 두어 가족실로 사용되는 영역과 구분해두기도 하였다.

서양에서는 부부 침실master bedroom이 보통 2층에 자녀들의 침실과 함께 있다. 1층의 생활 영역living quarter과 분리하는 것이다. 우리나라에서는 1980년대에 이층집이 급격히 늘어났는데 안방을 2층에 마련하는 경우는 흔하지 않았다. 온돌 문제도 있었지만 1층에서 주인이 생활하며 집을 관리하는 게 편리하기에 안방이 자연스럽게 가족실family room이 된 것이다. 거실을 손님을 맞이하는 '공적'인 공간으로 인식할 때에도 안방은 상대적으로 은밀한 '사적' 이미지를 주는 공간으로 남아 있었다. 안방은 명칭에서와 같이 언제나 안쪽에, 어머니의 품처럼 따듯하게 열려 있는 공간이었다.

온돌과 침대

안방은 예로부터 온돌로 마감된 공간이다. 그러다 보니 이부자리가 널리 쓰였다. 1980년대 이후에는 아파트가 대량으로 보급되면서 침대 사용도 늘어났다. 그래도 온돌에 대한 향수가 있어 아파트에서조차 1970년대에는 거실과 식당 그리고 주방은 물론 자녀 침실 공간까지 모두 라디에이터 난방을 하면서도 안방에서만큼은 바닥 온수난방을 택했다. 가족들이 안방을 자주 출입하는 좌식 생활 문화가 남아 있어서였다. 이때 안방의 마감재로는 재래식 장판이 오랫동안 쓰이고 있었다. 그러나 요즘은 침대 생활이 보편화되면서 안방 바닥도 거실처럼 원목 마루로 마감하는 경우가 많은 것 같다.

어르신 중에 온돌에 대한 향수를 갖고 있는 분들이 많다. 그래서인지 최근 유행하는 '돌침대'나 '옥돌침대'는 아주 재미있는 상품이라는 생각이 든다. 이 제품은 옛날처럼 따끈따끈한 온돌에 대한 향수를 채워주기도 하지만 매일 이부자리를 까는 수고를 덜어주어서 더욱 매력적이다. 우리의 온돌 문화와 서양식 침대 문화를 접목한 것이 흥미롭다.

한편 침대는 오래전부터 침실의 가장 중요한 가구이자 신분의 상징물이었다. 문화권별로 침대의 유래가 있겠지만 서양에서 박스 스프링 위에 매트리스를 놓는 방식은 19세기 초엽부터 사용된 것으로 알려져 있다. 침대의 안

락함을 높이기 위해서였다. 그런데 이 침대를 사용하며 우리나라 사람들은 한 가지 불편한 점을 발견하였다. 안방이라는 공간에 비해 침대가 너무 높은 것이다. 침대가 높다 보니 자다가 떨어지지는 않을지 걱정되고, 나머지 공간이 협소한데 침대까지 높아서 바닥에서 좌식으로 활동하기가 어렵고 불편하기도 하다. 침대용 공간이 별도로 마련되지 않는 한 침대식 생활을 하는 안방은 점차 가족실 기능이 약해질 수밖에 없다. 이런 경향 때문인지 가구업자들은 좌식 생활을 하면서도 침대가 너무 우람하게 보이지 않도록 낮은 높이의 매트리스용 바닥판을 만들어두고 매트리스만 까는 침대로 꾸미는 경우도 많다. 어쩌면 온돌로부터 유래한 '돌침대'나 좌식 생활에 맞게 개발한 '낮은 침대'는 한국식 침대의 좋은 모델이며 좌식 생활을 바탕으로 하는 침실 문화라 할 수 있다.

가족실에서 부부 거실로

1980년대부터 우리 안방은 공간이 점차 세분화되고 특화되었다. 초기에 안방은 하나의 구획된 공간이면 족했다. 그 안에서 취침을 비롯해서 식사, 오락, 손님 접대 그리고 각종 행사에 이르기까지 실로 집안의 모든 대소사가 일어났다. 그러나 생활이 현대화되면서 주택 내의 공간은 기능별로 분화되기 시작했다. 마루는 거실로, 부엌이 주방으로 그리고 변소가 화장실로 바뀌게 된다. 이때 안방은 부부 침실로 바뀐다. 안방에 침대를 들이면서 공간 성격 역시 점차 변화한다. 공간적으로 가족실 기능을 감당하기엔 어려워진 것이다.

문제를 간파한 건축가들은 규모가 큰 안방을 제안했다. 1970년대에 건축가들이 설계한 저택에서는 안방에 침대를 들일 수 있는 별도 공간과 전래의 안방처럼 좌식 생활을 할 수 있는 공간이 모두 있었다. 보통 이 두 공간은 미세기로 구분해주었다. 입식 생활과 좌식 생활의 절묘한 조합이었다.

한편 안방을 침대만 덩그러니 놓아두는 공간이 아니라 또 다른 생활이 일어날 수 있도록 배려하는 지혜가 필요하다. 작은 부부 거실로 꾸며보는 것도 한 방법이다.

수헌정에서: 안방

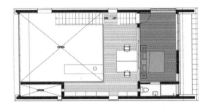

임 소장 수헌정의 안방은 수헌정 시퀀스의 결말 같은 부분이다. 소문으로 들어와 앞마당과 대청마루를 거쳐 현관을 통해 내부로 진입한다. 수헌정 내부에서는 응접실과 주방을 거쳐 거실 공간을 지나면, 반대 방향으로 계단을 올라 서재를 거쳐 최종적으로 안방에 도달하게 된다.

아버지는 수헌정이 수헌정으로 불리기 훨씬 이전부터 다도茶道 공간을 갖기 원하였다. 다도 공간을 우선하여 설계를 진행하기도 했다. 일반적인 전원주택을 생각하던 때라, 주택 내 휴식 공간 혹은 주택 내 나눔의 공간이 필요했던 것이었다. 하지만 수헌정이 '수헌정'이 되면서부터 굳이 다도의 공간을 드러낼 이유가 없어졌다. 수헌정 자체가 휴식 공간이자 나눔의 공간이기 때문이다.

수헌정 내에 차를 마실 만한 공간은 많다. 응접실에서 마실 수도, 주방 아일랜드에서 마실 수도, 거실에서 마실 수도, 서재에서 마실 수도 있다. 하지만 굳이 안방을 택한 이유는 크게 두 가지 때문이었다. 하나는 '안방으로 손님을 들인다'는 행위를 통해 얻을 수 있는 친밀감이다. 언젠가부터 '안방=침실'이 되어 더 이상 안방으로 손님을 들이지 않게 되었지만 과거에는 중요한 손님을 안방으로 모시는 것이 예의였다. 때문에 수헌정에서도 안방에 다도 공간을 두는 것이 적절해 보였다.

안방은 침대식과 좌식을 합친 공간이다.

또 다른 이유는 수헌정에서 안방이 유일한 좌식 공간이기 때문이다. 다도 공간은 어딘지 모르게 좌식 문화와 더 잘 어울린다. 물론 입식 문화가 오래 전부터 발달한 중국에서야 의자에 앉아서 차를 마시지만, 일본이나 한국은 다르다. 한국 사찰에서 배우는 다도이건 일본에서 자랑하는 다도이건 모두 좌식이다.

다도 공간을 안방에 두면서 전통 창호를 택했다. 아버지는 창호지를 통과해 들어오는 따뜻한 햇살에서 전통적인 느낌을 받는다 하셨는데 이는 유리창과 커튼의 조합으로는 표현하기 힘들다. 커튼으로 햇살을 은은하게 퍼뜨릴 수는 있지만, 창살의 실루엣을 담아내지는 못한다. 한식 창호가 갖는 매력이 바로 그 지점이다. 기하학적인 창살 실루엣이 강하게 남아 있으면서도 빛은 은은하게 공간에 퍼지게 하는 것이 전통 창호의 매력이다. 물론 여러 기능적인 이유 때문에 창호지만 바른 창호를 그대로 사용할 수는 없었지만 벽지와 창호 모두 전통의 느낌을 최대한 살렸다.

찻잔 너머로 청평호가 보인다.

좌식에 맞도록 바닥에서부터 40센티미터 띄운 띠창은 앉아서 차를 마시며 청평호를 감상하기에 제격이다. '창과 조명' 편에서 더 자세히 설명하겠지만, 띠창은 외부의 경관을 과하지 않게 받아들인다. 선 상태에서는 이 띠창을 통해 보이는 장관을 경험할 수 없기 때문에 반드시 앉아야 한다.

안방에 속한 발코니와 화장실은 모두 남측의 산을 향해 열려 있어서, 안방에서의 따뜻하고 아늑한 공간과 좋은 대조를 이룬다. 설계 초반에는 침실에 딸린 발코니가 없었고, 경사진 박스의 면을 따라 그대로 창이 나 있었다. 설계 과정 중에 수직벽과 창으로 바뀌면서 자연스럽게 발코니 공간이 생겼다. 하부의 대청마루 공간이 수헌정을 기울이면서 자연스레 얻은 공간이라고 하면, 2층의 발코니는 기울어진 수헌정에서 중력의 법칙에 따른 벽 사이에서 생겨난 또 하나의 자투리 공간이다. 발코니는 남쪽의 산세를 향해 뻗어 있어 거실이나 응접실에서 볼 수 있는 풍경과는 또 다른 풍경을 선사한다. 이 풍경을 감상할 수 있는 공간이 또 하나 있는데 바로 침실에 딸린 화장실이다.

1 1층 화장실은 3.2미터나 되는 높은 천장 덕분에 개방감이 느껴진다.
2 2층 화장실에서는 욕조 너머로 남쪽의 햇살을 받으며 자연을 감상할 수 있다.

사실 화장실은 예로부터 변소라 하여 정서상이건 위생상이건 본채와 분리해서 두는 것이 우리네 문화여서 그런지 몰라도, 집 안에 들어온 이후에도 으레 구석지고 음습한 곳에 자리한다. 게다가 기계 공조 시설이 발달함에 따라 아파트에서는 자연 채광과 환기가 이루어지지 않는 곳에 화장실을 배치한다. 홑집인 수헌정에서는 화장실을 음습한 곳에 배치할 이유가 없었다. 수헌정에서는 화장실을 하나의 공간으로 만들고자 하였다. 1층의 화장실은 경사진 천장을 그대로 살리고 서향의 긴 쪽창을 냄으로써 변기와 세면대만 있는 작은 화장실에 공간미를 최대한 살렸다. 반면 2층 침실의 화장실은 남향으로 큰 창을 내고 욕조를 창에 면하게 둠으로써, 자연을 벗 삼아 좌욕을 즐길 수 있는 공간으로 만들었다.

계단

건축 요소로서의 계단

임교수 전통적으로 단층 주택이 주된 주거 형식이었던 우리나라에서는 주택 내 계단이라는 요소가 그다지 익숙하지는 않다. 도시형 한옥이 서울에 등장하는 1930년대에 다른 문화권에서는 대부분 2층 이상의 주거 형식을 도입했다. 2층을 지을 수 있는 기술이 충분히 있었던 시기에도 단층을 고수한 데는 온돌과 마당 문화의 영향이 있는 듯하다. 우리나라에서 2층 주택은 1980년대에 이르러 점차 일반화되었다. 이는 필지 내에서 최대한의 면적을 확보하려는 노력의 일환으로 보인다.

주거 형식이 점차 아파트로 변화함에 따라 다시 단층이 선호되기 시작한다. 아파트는 애당초 주거 공간의 접지성(땅과 직접 닿는 정도)은 포기하고 들어가는 주거 형식이다. 복층 형식이 시도되었던 올림픽아파트의 일부 세대가 아예 두 개의 별도 공간으로 나눴다는 이야기를 듣고, 우리나라에서 복층의 생활 방식이 낯설게 느껴지는 것은 아닐까 하는 생각도 했다. 복층에서 생활한 경험이 적다 보니 계단을 '비상계단' 정도로 인식하는 경우가 많다.

물론 계단은 아래층과 위층을 이어주는 역할을 한다. 근대 건축의 아버지로 불리는 르코르뷔지에는 근대 건축의 가장 필수적인 요소를 표현한 도미노Dom-ino 시스템에서 계단을 분명히 나타냄으로써 기능적인 중요성을 피력하였다. 하지만 기능적인 요소가 아닌 건축적인 요소라면 어떨까. 즉, 수직 동선으로서의 계단이 아니라 공간을 체험하게 하는 미적인 요소로서의 계단은 어떻게 구성될까.

복층 주거 형식에 익숙한 서양에서는 오래전부터 미적인 그리고 극장적 요소가 되는 계단을 시도해왔다. 건축가 루이 오귀스트 부알로(Louis-Auguste Boileau, 1812~1896)와 에펠 타워로 유명한 엔지니어 구스타브 에펠(Gustave Eiffel, 1832~1923)은 1870년대에 파리의 르 봉 마르셰Le Bon Marché 백화점에 매우 장식적이고도 극장적인 계단을 설계한다. 여기서 계단은 고객들의 이동을 담당하는 수단을 넘어 미학적인 경험까지 제공했다. 이러한 시도는 백화점이나 오페라하우스 같은 공공 시설물에서만 시도된 것은 아니다. 영화 '바람과 함께 사라지다'의 여주인공 스칼렛 오하라의 아버지 제

극장적인 계단은 동적인 감각을 극대화한다.

럴드 오하라의 저택 계단은 르 봉 마르셰 백화점의 계단과 흡사하다. 물론 대저택이었기 때문에 가능했겠지만, 미디어의 영향인지는 몰라도 이후 미국의 주택에서는 화려한 계단을 심심치 않게 볼 수 있다. 공간이

협소할 때는 하다못해 계단 손잡이에라도 화려한 장식을 함으로써 계단이라는 요소를 적극적으로 활용했다.

수헌정에서: 계단

임 소장 1층과 서재 층, 그리고 서재 층과 침실을 연결하는 계단이 있는 수헌
정에서는 극장적 요소로서의 계단을 고려하였다. 기울어진 집의 형태에 맞
춰 계단이 공간을 따라서 상승하는 느낌을 주고 싶은 의도가 있었다. 원래는
기울어진 각도와 계단의 기울기를 맞추려 했으나 여러 현실적인 이유에서
실현하지 못했다. 하지만 1층 거실에서 침실까지 직선으로 이어지는 계단은
거실-서재-침실 세 단계의 공간을 하나로 묶어주는 역할을 충분히 수행하
고 있다. 외부에서 수헌정으로 진입할 때 따르는 지그재그 동선과는 달리 수
헌정 내부에 들어오면 응접실부터 거실까지 하나의 직선으로 동선이 형성
되고, 다시 180도 꺾여 거실부터 침실까지 다른 동선이 형성된다.

　많은 주택에서 계단은 2층으로 올라가기 위한 수단으로 사용되기 때문에
현관이나 응접실 주변에 둔다. 이러한 경우 효율적인 동선을 구성할 수는 있
지만, 2층으로 이동하는 중에 집의 공간을 충분히 경험하기 어렵다. 반면 수

헌정에서는 실내 공간을 충분히 경험한 후에야 비로소 서재나 침실로 올라갈 수 있다.

이러한 방향성은 수헌정의 계단이 좀 더 다양하게 쓰일 수 있는 기회를 제공하였다. 수헌정의 오픈하우스 때도 그러했지만, 간혹 많은 인원이 거실에 모여 세미나나 프레젠테이션을 할 때에는 계단이 또 다른 좌석으로 쓰였고, 합창단 지인들이 왔을 때에는 성악가가 계단에 올라서 노래를 지도하기도 했다. 스칼렛 오하라가 대저택의 계단에서 내려올 때만큼의 극적인 연출은 아니겠지만, 수헌정에서 역시 극장적 요소로서의 계단이 연출되는 순간이었다.

발코니

발코니와 베란다의 공간적 특성

임 교수 실생활에서는 발코니와 베란다를 혼용하곤 한다. 발코니는 '들보 beam'를 뜻하는 독일어 balcho 또는 balken에서 유래한 말로 어원적으로 보면 캔틸레버 구조인 들보를 가리킨다. 따라서 발코니는 '건물 외부로 돌출하는 바닥판platform으로 생각할 수 있다. 외부로 돌출해 있으며 천장을 얹지 않은 공간으로, 난간으로 둘러싸인 게 특징이다. 한편 베란다veranda는 어원이 더운 지방인 인도에서 유래하였다고 한다. 더운 지방에서는 돌출된 형식보다는 음영이 지게 만든 외부 공간이 더 필요했을 것이다.

발코니와 베란다는 외부로 돌출한 공간이어서 주거의 내부와 외부를 이어주는 매개적 성격이 있다. 옥외 공간이지만 내부에서 이루어지는 주거 생활을 연장해준다. 특히 외부 공간이 부족한 아파트 같은 공동주택에서는 발코니나 베란다가 개방감을 줄 수 있는 가장 효과적인 수단이라 할 수 있을 것이다. 일반적으로 발코니에서는 휴식을 취하기도 하고 화초를 가꾸기도 하며 주거 내부에서 이뤄지는 행위를 연장하기도 한다.

일광욕이나 공기욕이 가능하기에 스트레스를 해소할 수 있는 공간으로도 쓰인다. 일본 치바 대학 환경건강필드과학센터의 미야자키 요시후미 교수는『오감으로 밝히는 숲의 과학』에서 "인간은 자연과 교감하면서 신체적, 심리적 긴장 상태가 완화된다"고 말한다. 자연 속에서 휴식의 가치를 강조하고 있는 셈이다. 발코니나 베란다는 실내와 외부 자연을 자연스럽게 매개해주는 영역이므로 휴식을 취할 수 있는 가장 효율적인 공간이 될 수 있다. 휴식이 목적인 알파하우스에서는 더없이 중요한 부분이다.

전통 주택에서는 대청마루나 툇마루가 이런 반半 외부적 성격의 공간이었다. 대청마루는 반 외부적이긴 했지만 거실의 기능을 담당했었고, 툇마루는 마당이나 뒤뜰에 면하여 방으로 드나들기 위해 신발을 벗고 신을 때 잠시 걸터앉아서 쉬기도 하는 전이 공간이었다. 발코니나 베란다와 비슷한 매개 공간이다. 그런데 근대 한옥으로 변화하면서 툇마루는 방과 방 사이를 연결

유리문을 설치한 툇마루는 오늘날
아파트의 베란다와 유사하다.

Alpha House

하는 통로로 변했다. 일본의 전통 주택에도 툇마루와 비슷한 엔가와緣側가 있었다. 좌식 주거 문화에 뿌리를 두었기에 내, 외부 공간을 매개하는 방식에도 유사한 측면이 있었다.

1920년대 입식 주거 문화를 보급하려는 문화주택이 소개되면서 거실 앞쪽에 베란다가 처음 등장한다. 베란다 상부에는 천장이 있고, 양쪽으로는 실이 돌출해 있어서 베란다는 외부 공간이라도 상당히 폐쇄된 모습이었다. 바깥쪽에도 유리문을 달고 내부 거실 쪽에도 유리문을 달아 베란다 공간은 외부와 내부를 연결해주는 완충적 전이 공간이 되었다. 아파트 베란다와 유사한 모습이 문화주택에 이미 소개되었던 것이다.

요즘 우리가 아파트 발코니를 베란다라고 부르는 것은 문화주택 1층 거실 전면의 반 외부 공간을 베란다라고 부른 데에서 유래하는 것은 아닐까? 그러다 보니 돌출된 외부 공간인 발코니가 반 내부 공간이라 할 수 있는 베란다처럼 되어간다. 우리나라 사람들은 태양을 많이 받고 비바람에 노출되는 발코니형보다는 그늘을 얻을 수 있고 겨울에는 이중 유리벽을 만들어 외기로부터 보호할 수 있는 베란다를 선호하는 것은 아닐까?

발코니 없이는 시민혁명이 일어나지 못했을 것이라는 말이 있듯이, 이 작은 건축 요소가 우리 사회에 끼친 영향은 크다. 대중을 선동하기에 발코니만큼 적합한 공간도 드물다. 건물의 내부가 아닌 외부의 특정 장소에서 대중을 내려다보며 하는 연설은 그 어떤 무대보다도 더 드라마틱하다. 미디어가 따로 존재하지 않았던 시대에 이러한 장면이 얼마나 큰 영향을 끼쳤을지 상상하기란 어렵지 않다. 바티칸 교회의 발코니에서 교황이 시민들에게 설교하는 장면은 어느 영화 못지않은 장관을 연출한다.

우리가 잘 아는 영화 '타이타닉'에서도 이러한 장관이 연출된다. 뱃머리에서 남녀 주인공이 두 팔을 펼치며 바람을 맞는 장면은 영화를 보지 않은 사람들도 기억하는 대표적인 장면일 것이다. 배경이 뱃머리가 아니라 그냥 선상이었다면 그만큼 드라마틱하지는 못했을 것이다. 발코니나 뱃머리처럼 몸체에서 돌출된 공간이 갖는 긴장감과 특별함이 있기 때문이다. 영화 속 발코니 하면 '로미오와 줄리엣'에서 두 남녀가 키스하는 장면을 떠올릴 수도 있을 것이다. 영어권에서는 '줄리엣 발코니'라는 명칭도 있다.

2층 문화가 없었던 한국에서는 발코니 공간이 주는 특유의 분위기라든지 기능에 대해서 이해하고 체험하기가 쉽지는 않다. 또한 우리나라에는 발코니가 아파트와 함께 등장하며 '베란다'로 익숙하게 다가온 것이 사실이다. (아직도 아파트에서 베란다가 정확한 용어인지 발코니가 정확한 용어인지는 의견이 분분하다.) 때문에 한국의 주택에서도 발코니라는 요소는 뒷전으로 밀려 있다. 아파트에서는 부족한 외부 공간을 베란다에서 충족하는 방식으로 이 공간을 활용하는데, 충분한 외부 공간이 있는 주택 혹은 전원주택에서는 그 의미가 퇴색하는 경우가 종종 있다. 전원 속에서 휴식을 취하려 한다면 발코니의 의미와 역할에 주목할 필요가 있겠다.

수헌정에서: 발코니

임 소장 아파트의 베란다처럼 수헌정에서도 건축적인 요소로서 이것을 발코니라 칭해야 할지, 베란다라고 칭해야 할지는 이견이 있을 수 있지만, 수헌정에서는 발코니라고 칭하는 게 맞을 것 같다. 베란다는 하층부와 상층부의 면적 차이에 의해 자연스레 '생기는' 공간임에 반해, 발코니는 몸체에서 돌출시켜 '만든' 공간이기에 베란다에 비해 더 적극적인 공간이다.

수헌정의 2층 발코니는 남쪽을 향한다. 수헌정은 주변 건물을 포함한 대지 상황과 청평호를 향한 전망을 고려하여 건물의 주된 면을 동쪽으로 향하게 하였는데, 2층의 발코니는 남쪽의 태양과 산세를 향한다. 이는 자칫 '측면'이 될 수도 있었던 수헌정의 남쪽 입면에 정면성을 부여해줄 뿐더러 다양한 각도에서 자연을 받아들일 수 있게 해준다. 여러 이유에서 발코니 면적을 더 키울 수 없었지만, 개인적으로는 조금은 좁은 듯한 지금 면적이 마음에 든다. 앞서 잠시 언급한 줄리엣 발코니는 기능적으로 풍부한 발코니가 아니라 전망과 휴식, 그리고 발밑 공간과의 소통이 주목적이다. 수헌정의 발코니 역시 남쪽의 산세를 감상하면서 동시에 하부의 툇마루와 소통할 수 있는 공간이다. 작지만 대자연을 품는 곳이다.

배의 뱃머리와 흡사한 발코니 모습. 이런
곳은 어떤 행위를 유발하는 도발적 공간
provocative space이 되기도 한다.

Alpha House

창과 조명

창과 조명의 역할

임교수 건축 요소로서의 창과 조명은 보통 별도로 다뤄지는 것 같다. 그도 그럴 것이 창은 건축 역사의 시작부터 건축과 함께했다고 해도 과언이 아닌 반면, 현대적 의미로서의 조명은 1900년대에 들어서야 건축에서 본격적으로 활용됐기 때문이다. 수헌정에서는 창과 조명을 함께 다루고자 한다. 이 두 요소가 결합되어 수헌정의 분위기(조도)를 결정하기 때문이다.

창은 환기와 채광은 물론 필터 스크린의 기능을 하기도 한다. 유리가 널리 사용되기 이전의 창은 거의 '구멍 내기'에 불과하였다. 특히 조적組積식 건물은 외벽을 구조체로 이용하다 보니, 외벽에 구멍을 내기란 여간 어려운 일이 아니었다. 구멍을 낼수록 구조적으로 취약해지기 때문이다. 그래서 동서양을 막론하고, 특히 큰 창을 내는 일은 매우 제한적일 수밖에 없었다.

하지만 동양의 목구조 특성상 기둥과 기둥 사이는 구조적인 부담이 없었기 때문에 '창문'을 낼 수 있었다. 우리나라를 비롯한 동양 문화권에서는 창문(창+문)으로 표현하는 경우가 많은데, 창은 단순 채광이나 환기뿐 아니라 드나들 수 있는 통로를 의미하기도 했다. 그리고 이는 창의 또 다른 기능이라고 할 수 있는 액자화framing를 가능케 하였다. 우리네 선조들의 주택에서 액자처럼 자연을 담아내는 방식은 익숙한 풍경이기도 하다.

윤증고택으로 잘 알려진 명재고택의 사랑채에서 들창을 모두 들어 올리고 자연을 하나의 풍경화로 담아내는 모습은 서양의 고택에서도 찾아보기 힘든 장관이다. 동양의 액자형 창문에 매료되었던 것인지는 확실치 않지만, 일본 전통 건축의 영향을 많이 받은 서양의 모더니즘 건축 어휘에서도 풍경을 담아내는 액자 역할을 하는 창을 강조하고 있다. 우리가 잘 아는 근대 건축의 대가 르코르뷔지에의 역작 빌라 사보아에서도 수평의 긴 띠창은 주변 자연을 하나의 풍경화처럼 담아낸다.

우리나라의 아파트에서 풍경을 담아내는 역할을 하는 창을 기대하기는 더 이상 힘들어 보인다. 아파트 창의 역할은 이제 환기와 채광으로 제한되었다. 여타 건물들에서는 창이 입면의 디자인 요소로서 사용되기도 하지만, 유독 우리나라의 아파트에서는 창이 풍경을 담아내지도, 건물에 미를 더하지도 못하는 것 같다. 그러나 앞서 명재고택에서 보이는 전통 때문인지는 몰라도, 우리나라 주택에서 자연을 담아내는 액자로서의 창을 찾아보기란 어렵지 않다. 많은 경우 통창 등을 이용하여 장관을 연출하는 서양 주택들보다 오히려 더 섬세하고 세련되게 연출한다. 그만큼 한국 건축가들이 주택에서 풍경을 담아내는 방식은 매우 수준이 높다고 생각한다.

수헌정에서: 창과 조명

임 소장 수헌정에서 창을 내는 방식은 '소창'과 '띠창'이다. 소창은 말 그대로 작은 창을, 띠창은 세로로 혹은 가로로 긴 창을 의미한다. 영화 '건축학개론' 에서 남자 주인공이자 건축가로 나온 승민(엄태웅 분)이 서연(한가인 분)의 제주도 집에 난 가로로 긴 통창을 열어젖힐 때 관객들의 탄성이 절로 나왔다 는 이야기를 전해 들었다. 이 집은 영화에 전반적인 자문 역할도 했다는 구 승회 소장의 작품인데, 한국 영화에서 건축 하나로 이렇게 많은 사람들의 감 동을 자아낸 경우가 있었나 싶다. 나 역시 이 통창 너머로 펼쳐진 제주도 앞 바다의 모습에 경탄할 수밖에 없었다.

이 작품과 영화가 얼마나 많은 사람들에게 감동과 영향을 주었는지, 수헌정에 방문한 많은 이들이 왜 수헌정에서는 훌륭한 경관을 놓고 건축학개론의 집처럼 큰 통창을 사용하지 않았냐는 질문을 하였다. 이유는 간단하다. 컨텍스트가 다르다. 수헌정에서 자연 풍경을 더 폭넓게 느끼고 싶으면 데크나 마당에 나가면 된다. 자연의 햇살을 그대로 쬐면서 바람을 맞으며 시야에 펼쳐지는 청평호와 주변의 산세를 느끼면 된다. 대신 수헌정 안으로 들어오면 내부 공간에 맞게 짜인 액자를 통해서 그 풍경을 감상하면 된다. '자연을 받아들인다'가 곧 '큰 창'을 의미하지는 않는 것이다.

거실과 서재의 창은 세로로 긴 띠창이다. 스마트폰의 등장으로 세로가 긴 초상화portrait 프레임에 익숙해지는 현상에서 보듯 포맷의 변화를 통해서 콘텐츠가 다르게 인식되고 우리의 경험이 달라질 수 있다. 수헌정의 세로 창 역시 마찬가지다. 풍경을 받아들이는 창은 가로 창이라는 공식이 존재하는 것이 사실이지만, 가로 창은 좀 더 정적인 공간에 어울린다고 본다. 다시 말하면, 앉아서 풍경을 감상하기에는 가로 창이 어울리지만, 동적인 이동이 이루어지는 공간에서는 세로 창이 더 적합하다고 생각하였다. 계단을 따라 나 있는 서재의 창 역시 마찬가지다. 계단의 동선에서 잠시 서서 밖의 경관을 바라보는 것이기 때문에 세로 창을 두었다.

하지만 침실에 가면 내용이 달라진다. 침실에서는 가로 창을 좌식 높이에서 구현하였다. 침실은 수헌정에서 유일한 좌식 공간이다. 그래서 명재고택에서처럼 (수헌정에서는 병충해로부터의 보호 목적은 아니지만) 바닥에서

30센티미터 띄워서 가로 창을 구성하였다. 동쪽의 청평호 풍경을 바라보기에 가장 적합한 높이다. 또한 남쪽의 발코니 쪽으로도 창을 구성하였는데, 침실에 있는 이 두 창 모두 한식 창을 추가함으로써 빛을 조절하고 전통적인 분위기가 나는 침실을 만들었다. 추사 김정희가 이야기하였다는 '소창다명 사아구좌小窓多明 使我久坐'가 구현되는 순간이다. 한식 창을 통해 들어오는 남향의 따뜻한 빛이 침실을 은은하게 밝힐 때 동쪽의 가로 창을 통해 청평호를 바라보고 있으면, 한두 시간이고 차를 마시며 담소를 나눠도 지겹지 않다.

응접실을 제외하고는 수헌정의 모든 창이 '소창'과 '띠창'이기 때문에 실내 조명이 고민이었다. 여러 조명 전문가에게 조언을 구했더니 대부분 실내가 어두울 수 있기 때문에 실내 조명의 조도를 높여야 한다고 했다. 나 역시 그 의견에는 동의하였지만, 모든 조명은 천장에서 떨어지는 직접조명이 아니라 간접조명이어야 했다. 이유는 간단하다. 기울어진 천장에 직접조명을 달면 기울어진 공간이 주는 힘이 절감될 것이라는 판단에서였다. 오히려 기울어진 천장을 반사판으로 이용하여 간접조명을 달면 공간이 훨씬 더 풍성하면서도 힘이 있어 보일 터였다.

결과적으로 주방 아일랜드와 거실의 식탁을 위한 펜던트 조명 그리고 응접실의 조명을 제외하고, 수헌정의 큰 공간에서의 조명은 모두 간접조명을 사용했다. 처음에는 조도를 높이기 위하여 더 큰 조명 기구도 고려하였으나, 은은한 정도의 조도면 충분하지 모든 공간에서 책을 읽을 수 있을 정도의 조도가 필요한 것은 아니라고 생각했다. 필요하다면 스탠드를 이용하면 될 일

작은 가로 창을 통해 바라보는 청평호
모습이 색다르다.

소창다명 사아구좌 小窓多明 使我久坐
작은 창문에 맑은 광명의 빛이 나로
하여금 오랫동안 앉아 있게 한다.

Alpha House

이었다.

실제 완공된 이후 수헌정 내부의 빛은 실로 훌륭했다. 특별히 의도했다고 말할 순 없지만, 모두 다른 방식이긴 해도 네 면에 모두 창이 나 있는데, 해가 떠서부터 질 때까지 어느 창을 통해서건 수헌정 내부로 빛이 들어온다. 여름에는 절대 볼 수 없었던 빛이 겨울 어느 순간에 특정 공간에 비치고 있는 것을 보면 마치 수헌정이 사시사철 모습을 바꾸고 있는 듯 느껴진다.

해가 진 후에도 내부는 별로 어둡지 않다. 바닥 재료 외에는 모두 흰색 계열로 마감하여 적은 조도의 빛도 풍부하게 반사되어 공간 전체를 밝힌다. 솔직히 말해, 이러한 경험은 완공되기 전까지는 아무도 예상할 수 없는 것이다. 아무리 공학적인 계산을 통해 조도를 맞춘다고 해도, 인간이 느끼는 분위기는 너무나도 많은 요소들에 의해 달라지기 때문이다. 벽 페인트의 미묘한 색감 차이, 가구의 재질과 분위기, 창에 반사되는 조명의 정도 등 우리가 느끼는 분위기는 단순히 조도에 의해서만 결정되는 것은 아닌 것 같다. 수헌정에서는 소가 뒷걸음치다 쥐를 잡듯이 좋은 결과가 나왔다. 물론 쥐를 잡을 목적으로 뒷걸음을 친 것이긴 하지만 진짜 잡히다니.

필립 존슨은 글래스 하우스를 짓고 한동안 불면증에 시달리고 정서적으로 불안을 겪었다고 한다. 주변의 풍광을 담고자 그야말로 사방을 '글래스'로 마감했기 때문이다. 유리창은 밤에는 반사재가 된다. 즉, 실내 조명이 밝고 밖은 어둡기 때문에 안에서 밖은 안 보이고 오히려 반사된 자신의 모습만 보게 된다. 필립 존슨은 매일 밤 자신이 누군가에게 사찰당하는 느낌을 받았다고 한다. 물론 글래스 하우스 주변에 행인이 있을 리 만무하다. 조명 디자이너의 컨설팅을 받아 조도를 조절하는 방법으로 문제를 어느 정도는 해결했다고는 하나, 기본적으로 큰 창을 내기 전에 장단을 잘 고려해야 한다. 수헌정을 설계하고 직접 이용해보며 창의 크기보다는 다양한 방향에서 빛이 들어오게끔 하는 방식이 공간을 훨씬 밝고 따뜻하게 해준다는 것을 배웠다.

1 천장과 벽면을 이용해 간접조명을 반사시킨다.
2 곳곳의 창을 통해 충분한 빛이 들어온다.
3 화장실의 긴 쪽창을 통해서도 빛이 내부로 전달된다.

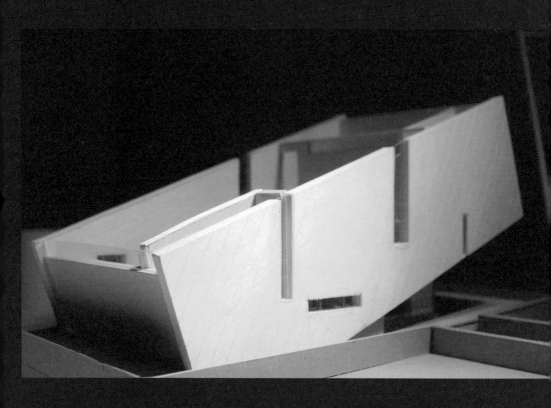

"기울어진 집을 짓다가 가세가 기울었겠네."
이런 댓글이 달릴 정도였으니
수헌정의 형태가 얼마나 파격적으로 인식되는지
가늠할 수 있다.

4

수헌정의 건축 공간과
이론적 배경

일반인을 위한
건축 이야기

임 소장 건축 설계상 가장 중요하고 선행되어야 하는 과정이 건축주와 건축가 사이의 의견 조율이겠지만, 의견을 맞췄다고 해서 설계가 떡하니 완료되는 것은 아니다. 3장에서는 건축 공간에 대한 의미와 해석에 초점을 맞추었다면, 이번 장에서는 건축가가 설계 과정에서 고민할 수밖에 없는 건축적 담론들에 초점을 맞추고자 한다.

아버지와 함께 책을 집필하면서 독자를 누구로 삼을지 고민을 상당히 많이 했다. 건축가, 건축학도 등을 대상으로 건축 책을 쓰는 것은 생각보다 쉽다. 서로 공유하는 바가 분명하고 쓰는 언어가 비슷하기 때문이다. 반면 일반인을 대상으로 글을 쓴다는 것은 생각보다 쉽지 않다. 때문에 책의 주 독자를 일반인으로 정하고 난 이후에도 논의가 끊이지 않았다.

이 책을 '새로운 건축주'를 구하기 위한 수단으로 생각했다면 오히려 쉬웠을 것이다. 설계와 시공 과정 중에 필요한 건축적, 행정적 지식 들을 나열하며 의도적으로 조금은 비현실적으로 낮춘 시공비를 공정별로 공개하고, 덤으로 건축적인 디자인을 뽐낸다고 하면 미래의 건축주에게 그보다 좋은 정보가 어디 있겠는가.

하지만 이 책에서는 집 짓기를 소재로 건축의 문화적인 부분과 전문적인 부분을 잘 조합하여 소개하고자 했다. 사실 건축의 문화적인 부분이 강조될수록 건축의 전문적인 지식과 역사를 함께 이야기할 수밖에 없다. 우리가 클래식을 들을 때, 처음에는 호불호의 취향에서 시작하지만 깊이 빠져들다 보면 르네상스 음악인지 바로크 음악인지, 또 어느 나라의 바로크 음악인지 알고 싶어진다. 미술도 마찬가지다. 마치 족보도 없어 보이는 현대 미술에서조차 작가가 작품을 통해 미학적인 담론을 끌어내지 못하면 훌륭한 작품으로 인정받기 힘들다. 이 때문에 얼마 전 대작 논란을 겪은 한 연예인의 작업들이 '비싸고 유명한 작품'은 될 수 있을지언정, 미술사적인 가치를 얻지 못하는 것이다.

건축 역시 마찬가지다. 이제는 건축을 보는 시선이 예전과는 많이 달라졌다고 한다. 대중들 역시 건축을 보는 나름대로의 잣대가 있다는 것이다. 이것은 온전히 미학적인 잣대일 수도, 경제적인 잣대일 수도 있다. 하나를 콕 집어 정답이라고는 할 수 없다. 좋은 판단을 하기 위해서는 다양한 기준으로 건축을 보는 것이 필요하다. 그리고 이번 장에서는 다양한 시각들 중 하나의 시각을 건축가의 입장에서 서술하고자 한다. 건축적 담론과 시각을 이해하는 것이 필수는 아니겠지만, 음악이나 미술처럼 하나의 교양으로 이해되었으면 하는 바람도 없지 않다. 대중을 위한 건축적 담론을 풀어보았다. 그야말로 '건축학개론' 교양 강좌처럼.

수헌정의 또 다른 명칭
: Leaning House

나는 이 프로젝트를 Leaning House라 부른다. 어딘가에 기대어 있다는 뜻이다. 물론 이름부터 짓고 프로젝트를 시작하는 건축가가 어디 있겠냐만은, 설계를 진행하는 과정에서 가장 주요한 콘셉트인 'Leaning Box(기울어진 박스)'가 결정된 이후로는 줄곧 Leaning House로 불렀다. 건축주인 아버지께서는 수헌정으로 부르신다. '수헌'은 아버지의 호인데, 집의 주인 된 마음을 표현하고 싶으셨던 것 같다. 또한 우리나라에서는 한자로 이름을 붙여야 (특히 세 글자) 뭔가 무게감이 있는 작품으로 보는 분위기도 있다. 수헌정이란 이름도 마음에 드는 이유가, 집을 뜻하는 '재齋'를 사용한 것이 아니라 정자를 뜻하는 '정亭'을 사용했기 때문이다. 수헌정은 처음부터 정자를 본보기로 삼았다.

한 여성지에서 수헌정을 '기울어진 집'으로 소개했고, 이후 주요 포털 사이트나 방송국에서도 기울어진 집으로 소개하였다. 한문식 표현에 익숙하지 않은 상황이 반영된 결과라고 볼 수도 있지만, 사람들이 이 집을 보았을 때 '무엇이 가장 눈에 먼저 들어오는가'를 나타내는 힌트라고도 볼 수 있다.

Alpha House

"기울어진 집을 짓다가 가세가 기울었겠네." 이런 댓글이 달릴 정도였으니, 수헌정의 형태가 얼마나 파격적으로 인식되는지 가늠할 수 있다. 또한 "불안해 보여서 정서 불안인 사람이 설계한 거 같다"는 댓글도 있었다. 이 프로젝트에서 긴장감을 높이기 위해 노력했던 건축가로서 소기의 목적은 달성했다고 볼 수도 있겠다.

© 신경섭

수헌정 전경
긴장감 있는 형태로 인해 새로운
느낌의 공간을 구현할 수 있었다.

건축에서의
형태와 긴장감

건축은 여타 디자인 분야와는 다르게 역사와 이론이 매우 발달한 학문이다. 따라서 자신이 하고 싶은 건축을 하는 것도 중요하겠지만, 그에 못지않게 자신의 건축을 어떤 사조나 이론에 포지셔닝할 것인가도 중요하다. 그리고 우리가 아는 많은 건축가들이 이러한 노력을 지속적으로 하고 있다.

아마도 현재 건축계에서 이러한 노력을 가장 명확하게 표출하며 발전시켜온 건축가들을 꼽자면 우리나라에서는 '탈구축주의'라고 소개되는 디콘스트럭티비즘Deconstructivism 건축가들일 것이다. 1988년 뉴욕현대미술관에서는 글래스 하우스의 건축가이자 건축 비평가이기도 했던 필립 존슨과 오랫동안 컬럼비아 건축 대학의 학장을 지냈던 건축가 마크 위글리(Mark Wigley)가 큐레이팅을 맡은 전시 'Architecture of Deconstruction'을 통해 기존 건축의 언어에 도전하는 새로운 건축가들을 소개했는데, 이를 '디콘'의 시발점으로 보는 사람이 많다. 당시 소개된 건축가인 렘 콜하스, 故 자하 하디드, 다니엘 리베스킨트, 베르나르 추미, 프랭크 게리, 피터 아이젠만 등은 현재 세계 건축의 흐름을 주도하고 있다. 물론 이들 중에는 자신이 '디콘 건축가'로 규정되는 것을 거부하는 사람들도 있지만, 어떤 '이즘'으로 규정되건 안 되건 간에 이들이 도전하고자 했던 '이즘'은 명확하다. 바로 모더니즘이다.

모더니즘은 건축 역사에서 가장 크고 중요한 전환점일 것이다. 기능과 합리성을 중요시했던 모더니즘이 반영된 건축의 구축 방식은 반복적인 '생산'이 가능하고 여러 기능을 수용할 수 있도록 단순해야 했다. 반면에 건축에서 추구하고자 하는 '미美'는 대부분 입면을 통해 해결하고자 하였다. 건축에서 모더니즘이 너무나도 큰 영향력과 오라aura를 갖고 있는지라 이후 세대들은 그에 반발할 수밖에 없었는데, 포스트 모더니즘과 심지어는 포스트 포스트 모더니즘이라는 명칭을 사용해가며 새로운 '이즘' 만들기가 계속되었다.

개인적으로 이러한 노력 중 가장 의미 있는 것이 '탈구축주의'라고 생각한다. 왜냐하면 구축 방식은 그대로 두고 겉모습만 바꾸고자 했던 여타 이즘과는 다르게 탈구축주의는 모더니즘의 구축 방식에 적어도 의도에서만큼은 정면으로 도전하고 있기 때문이다. 그리고 탈구축주의에 주요한 영향을 끼친 요소는 아이러니하게도 모더니즘이 활발히 진행될 당시 러시아의 예술과 건축을 이끌었던 구성주의, 콘스트럭티비즘Constructivism이었다. 20세기 러시아의 구성주의와 21세기 탈구축주의는 아이러니하게도 유사성이 매우 많다.

디콘의 시작점으로 불리는 베르나르 추미의 라빌레트 공원Parc de la Villette 프로젝트의 붉은색 폴리Foly들은 러시아 구성주의의 스케치들과 흡사하며,

1 프랭크 게리의 비트라 디자인 뮤지엄. 기존 공간들이 해체되고 새로운 방식으로 구성되었다. © Wladyslaw, CC BY-SA 3.0

2 렘 콜하스의 시애틀 도서관. 역동적인 모습이 도시에 활력을 불어넣는다.

3 베르나르 추미의 파리 라빌레트 공원. 탈구축주의의 시작을 알린 작품 중 하나로 유명하다.

Alpha House

프랭크 게리의 비트라 하우스 역시 구성주의의 작품을 보는 듯하다. 구성주의 작업들은 주로 스케치로만 남아 있는데, 이들과 디콘 작품의 공통점은 '역동성' 내지는 '긴장감'이라고 할 수 있다. 디콘은 모더니즘의 구축 방식에 대한 도전이다. 따라서 안정적인 구축보다는 불안정한 구축 방식을 통해 건축에서의 긴장감을 유발한 것이다. 이는 비교적 독자적으로 발달한 러시아의 구성주의에서도 비슷하게 나타난다. 구소련 지역에서의 많은 작업들이 형태적인 역동성을 추구하며 덩달아 콘크리트 구조가 발달한 것은 우연이 아니다.

건축 형태가 갖는 역동성은 수헌정에서 추구하고자 했던 부분이기도 하다. 수헌정을 포함해 다른 여러 프로젝트를 통해 실험하고 발전시켜 나가고 있다. 이는 단순히 외부에서 나타나는 형태적인 긴장감만을 위한 장치가 아니다. 역동적인 형태를 취함으로써 내부에서는 기존 공간에서 느끼지 못하던 공간감을 제공하고, 외부에서는 제3의 공간 등을 제공하여 일반적인 구축 방식과 매스의 형태로는 구현할 수 없었던 공간과 공간감을 주기 위함이다. 작은 규모의 수헌정에서 역동성을 취하고자 한 노력은 적절한 방식으로 잘 이루어졌다고 생각한다. 기울어진 형태로 인하여 하부에 남향을 향하며 동쪽의 전망을 볼 수 있는 대청마루(데크)를 얻을 수 있었고, 내부에서는 거실에서부터 서재 그리고 안방까지 이어지는 하나의 유기적인 공간을 구성할 수 있었다.

헬싱키 공공 도서관
필자가 운영하는 설계사무소 PRAUD의 작품으로, 역동적인 긴장감을 주고자 하였다.

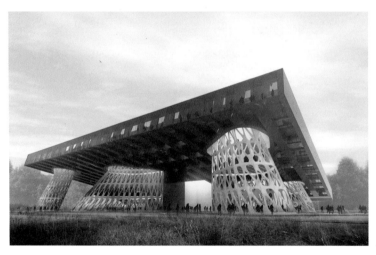

Hotel Liesma
PRAUD의 또 다른 작품으로, 구조의 긴장감은 새로운 공간을 제공해주기도 한다.

역동적인 형태를 구성할 때에는 어떠한 방식으로 구축할 것인가에 대한 고민이 자연스럽게 따라올 수밖에 없다. 모더니즘은 건축 역사상 하나의 전환점이었고, 구축 방식에도 대단히 큰 변화를 가져왔다. 모더니즘 이전의 서양 건축에서는 벽돌이나 돌 등의 재료를 쌓는 조적의 구축 방식을 취함으로써 외기에 면하는 벽이 곧 구조적인 역할을 하게 되어 창이나 다른 오프닝의 크기나 모양을 제한할 수밖에 없었다.

그러나 기능과 합리성을 중요시하는 모더니즘의 시기에 들어와 구조체가 건물의 입면과 분리되어 나타나기 시작한다. 모더니즘 건축의 아버지로 불리우는 르코르뷔지에가 제안한 도미노 시스템은 건축의 대량생산을 위해서 구조의 가장 기본적인 요소인 기둥, 슬라브, 기초 등의 조합으로만 합리적인 시스템을 구성하여 건물을 구축하고 이외의 평면과 입면은 이들로부터 자유롭게 하자는 아이디어였다.

입면을 구조와 분리시켜 자유도를 높인다는 것은 건축에서 대단한 혁명이었다. 건축가들은 더 이상 창의 크기와 구조체에 제약을 받지 않아도 되었으며, 건축의 입면을 미적인 관점에서 구성할 수 있었다. 커튼월curtain wall도 입면이 구조로부터 독립하였기 때문에 가능하였다. 하지만 이러한 입면은 또 다른 장식이 되었다. 장식을 지양하고 합리적인 기능성을 추구하고자 했던 모더니즘이 후대에 오면서 또 다른 장식적인 요소를 가능케 하는 방식의 기초가 되었다는 점이 아이러니하다. 결국 아직도 많은 현대 건축가들이 모더니즘의 도미노 시스템은 대부분 그대로 유지하면서 독립된 입면을 변형하는 방식으로 '새로움'을 덧입히고는 한다. 이 역시 중요하고 의미 있는 노력일 수는 있지만 아마도 모더니즘의 유산인 도미노 시스템에 도전하지 않는 이상 모더니즘을 뛰어넘을 수는 없을 것이다.

　모더니즘의 구축 방식에 전면적으로 도전하는 건축가들이 분명히 있다. 도미노 시스템은 유지하면서 겉에서 보이는 모습만 새롭게 하는 것이 아니라, 건축의 근본적인 구축 시스템부터 새롭게 정의해가는 이들이다. 그중에서도 일본의 대표적인 건축가 이토 도요(伊東豊雄, 1941~)에 주목하고 싶다. 일본 현대 건축뿐만 아니라 세계 건축 흐름에서도 매우 중요한 역할을 한 메타볼리즘을 선언한 건축가 중 하나였던 기쿠타케 기요노리(菊竹清訓, 1928~2011)의 수제자였던 이토 도요는 1970년대부터 독립된 작업으로 꾸준히 명성을 쌓는다. 21세기의 건축은 어떠해야 하는가에 대해 자문하고 답을

커튼월 고층 건물에서 주로 볼 수 있는 유리 입면. 벽이지만 하중을 지지하지 않는다.

찾는 과정으로 진행했던 센다이 미디어테크는 그의 건축 작품의 전환점이라고도 볼 수 있을 것이다.

새로운 구축 방식에 대한 고민이 이 작품에서 고스란히 드러난다. 기둥이 기둥으로서 기능하고 슬라브가 슬라브로서 기능한다면 현대 건축은 모더니즘에서 한 발자국도 더 나아가지 못한다는 것을 그는 인식하고 있었다. 그래서 기둥이 하중을 떠받치는 구조체로서뿐만 아니라 계단, 엘리베이터, 덕트, 광정光井 등의 새로운 기능을 덧입은 요소로서 사용하는 것을 제안했고, 이러한 실험이 센다이 미디어테크에서 온전히 나타난다.

건축의 여러 요소(기둥, 입면, 벽, 슬라브 등)를 통합하기도 하고 재정립하기도 하는 노력은 이후 프로젝트에서도 계속된다. 명품 매장 거리로 알려진 도쿄 오모테산도에 있는 TOD'S 스토어에서는 구조와 입면의 통합이 이루어져 있고, 최근 완공한 대만 타이중 오페라 하우스는 그 정점에 있다고 볼 수 있다. 벽과 슬라브와 기둥은 구분이 사라지며 하나의 유기적인 시스템이 되어 방을 구성하기도 하고, 입면이 되기도 하며, 또한 건물 전체를 지탱하는 구조적인 시스템이 되기도 한다. 이처럼 현대 건축가들에게 있어서 모더니즘의 원칙에 도전하는 것은 어떻게 보면 하나의 숙제이기도 하다.

수헌정 역시 새로운 구축 방식을 시도한 결과다. '기울어진 집'인 수헌정은 두 개의 박스로 구성되어 있다. 하나는 이름 그대로 '기울어진' 박스고, 다른 하나는 이 박스를 지탱하고 있는 하부 박스이다. 이러한 형태적인 특수성을 구축 방식에도 그대로 적용해야 한다는 것이 건축가로서 나의 지론이다.

1 2014 베니스 비엔날레에 전시되었던 도미
노 시스템의 1:1 모형
2 이토 도요 건축의 전환점이 된 센다이 미디
어테크 구조
3 시스템, 외관의 미학, 공간 구성이 하나
로 융합되어 있는 타이중 오페라 하우스

겉에서 드러나는 형태는 매우 현대적인 모습을 취하면서도 실제로 구축하는 방법이 기존의 기둥과 벽을 세우는 방식과 동일하다면, 그 건축은 어딘지 모르게 언밸런스하다고 생각한다. 그래서 수헌정에서는 형태를 구성하는 두 개의 박스를 구축의 요소로 사용하였다.

Leaning House라는 수헌정의 또 다른 이름에서 알 수 있듯이, 수헌정은 하나의 박스가 다른 박스에 기대어 있는 형태고, 이 형태가 곧 수헌정의 구축 방법이다. 기울어진 형태는 외부에서 보이는 시각적 효과에 국한되는 것이 아니라, 이것 자체가 하나의 구조적인 역할을 한다. 때문에 기울어진 형태는 하나의 박스로 구성되어 내부에서는 별도의 구조체가 없어도 되도록 하였고, 이 기울어진 박스는 응접실이 위치한 수직의 박스에 기대어 있는 구성을 하고 있다. 따라서 각각의 박스 내부 공간에서는 별도의 구조체가 없기를 바랐고, 이 때문에 초기에 함께 작업했던 구조 협력 업체에서 서재 쪽에

수헌정의 개념 다이어그램

1. 메인 박스　　　　2. 기울이기　　　　3. 수직 박스　　　　4. 기울어진 집

기둥을 세워야 한다고 했을 때 크게 반발할 수밖에 없었다. 모든 구조를 박스 표면에 구성하여 내부 공간은 하나의 유기적인 공간으로 만들고자 한 의도가 깨질 수도 있었기 때문이다.

건축의 언어와 담론이 단순히 건축가만을 위한 피상적인 이야기가 아니라, 실제로 공간을 사용하고 점유하는 사용자들에게 어떠한 공간과 미학을 제공할 수 있는지를 단적으로 보여주는 사례이기 때문에 강경한 입장을 고수했다. 추구하고자 했던 건축 언어가 명확하지 않았다면 지금쯤 수헌정에는 두 개의 기둥이 박혀 있을 것이다.

모더니즘을 극복하기 위한 현대 건축의 노력, 즉 구조의 요소들이 단순히 구조의 기능으로서 끝나는 것이 아니라, 그것이 다른 기능을 흡수하고, 미적인 요소를 나타내며, 건축의 형태와 맞물려 나타나는 노력이 소규모 프로젝트인 수헌정에서도 시도된 것이다.

기울어진 형태와
유기적인 공간

기울어진 형태의 독특함 때문인지 "집을 왜 기울였는가" 혹은 "집을 기울여서 얻는 것이 무엇인가" 하는 질문을 제일 많이 받는다. '일반적이지 않은 것'을 할 때 감수해야 할 반응이다. 우리가 흔히 보는 전원주택을 두고 사람들이 왜 지붕이 박공인가, 왜 테라스가 그쪽에 나 있는가, 왜 창은 그 크기인가 하고 묻는 경우는 별로 없다. 다른 기대감으로 바라보기 때문에 질문이 적은 것일 수도 있지만, 일단 '이반'은 감수해야 할 질문의 양이 남다른 것은 사실이다.

다시 처음의 질문으로 돌아가서, 수헌정을 왜 기울였는지에 대해서 하나로 대답하긴 어렵다. 하지만 복합적인 이유와 합리적인 해결책 그리고 주관적인 선호도를 다 차치하고 기울어진 형태가 갖는 장점은 기울임으로써 생기는 유기적인 공간이 아닐까 생각한다. 유기적이라는 말을 한마디로 정의하기는 힘든데, 건축에서는 공간과 공간이 물리적으로 분리되어 있지 않고 시각적으로건 공간적으로건 연결되어 있음을 뜻할 때가 많다. 평면에서는 오픈 플랜open plan이라는 말로 많이 쓰인다.

오픈 플랜은 일반인들에게도 매우 친숙한 용어일 것이다. "주방을 오픈 플랜으로 계획했다"고 하거나 "사무실을 오픈 플랜으로 배치했다"고 하는 등 공간을 열린 느낌으로 만들었다는 뜻으로 많이 쓰인다. 건축계에서는 오픈 플랜보다는 구조체로부터 독립적으로 구성되었다는 의미에서 자유 평면free plan이라는 표현을 더 많이 쓴다. 모더니즘의 핵심은 평면과 입면이 구조체로부터 자유로워진다는 점이다. 기존에는 건물 내부의 벽조차도 구조적인 역할을 해야 했으므로 벽의 두께나 위치, 구성 등이 자유롭지 못했다. 하지만 구조로부터 자유로워진 벽체는 자유로운 평면을 구성할 수 있는 가능성을 제공했다. 미스 반 데어 로에의 바르셀로나 파빌리온이 대표 사례다.

건축 전공자들에게는 바르셀로나 파빌리온이 어찌 보면 지겨운 레퍼런스

바르셀로나 파빌리온 © Ashley Pomeroy at English Wikipedia, CC BY 3.0

일 수도 있으나 자유로운 평면을 이해하기에 이만큼 간결하고 중요한 프로젝트도 드물 것이다. 바르셀로나 파빌리온은 1929년 국제 박람회의 독일 파빌리온으로 설계된 건물이다. 미스는 이 프로젝트에서 각각의 독립된 벽을 지붕에서 분리함으로써 (실제로 벽과 천장이 맞닿지 않는다) 파빌리온이 기둥으로만 지지되고 벽은 자유로운 평면을 구성할 수 있음을 강조하였다.

바르셀로나 파빌리온은 프라이버시가 필요한 주택을 위한 평면이 아니기에 자유 평면을 구성하기 수월했을 것이다. 하지만 주택은 프라이버시를 고려해야 하기 때문에 자유 평면을 구성하는 것이 큰 과제이자 도전이기도 했다. 수헌정에서는 이 부분을 경사진 볼륨을 이용해서 풀었다. 공간과 공간이 꼭 벽으로만 구분되어야 하는 것이 아니라, 공간의 경험 또는 볼륨의 차이로 구분될 수도 있기 때문이다. 응접실과 거실은 낮은 천장과 높은 천장이 주는 공간의 경험 차이로 인해 구분되면서도 연결되고 있다. 반면에 거실과 서재는 시각적, 공간적으로는 연결되어 있으나 레벨 차이로 구분이 이뤄지고 있다. 마지막으로 안방은 프라이버시 문제가 있기 때문에 벽이 필요했지만, 바르셀로나 파빌리온처럼 벽을 천장에서 떨어뜨리고 클리어스토리창을 냄으로써 공간은 구획하되 시각적 연속성이 지속될 수 있도록 하였다.

아파트에서 경험하지 못하는 공간의 퀄리티를 제공하려는 바람에서 수헌정의 공간을 유기적으로 꾸몄다. 전통 한옥은 규모는 작아도 막상 그 공간을 체험하다 보면 매우 크게 느껴지는데, 이는 한옥이 갖는 공간의 유기적인 관계 덕분이다. 마당과 채가 서양 주택처럼 무 자르듯 싹둑 구분되어 있지 않

© 신경섭

침실 상부에 나 있는 클리어스토리창

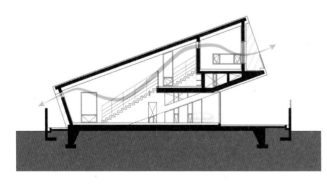

여러 창들을 통해 수헌정의 내,
외부가 하나의 유기적인 공간이
된다.

고, 마루와 방 역시 언제든 외부 혹은 인접한 공간과 소통할 수 있는 창호로 구성되어 있다. 이러한 요소들이 작은 공간에 깊이를 부여한다. 아파트에서는 이러한 공간의 깊이를 느끼기 힘들다. 모든 실들이 정확하게 구분되어 있으며 용도 역시 누가 들어와서 살더라도 거의 바뀌지 않는다. 합리적인 구획이라고도 볼 수 있지만 깊이라든가 여유는 사라지는 것이다. 알파하우스를 지향하는 수헌정에서는 공간을 명확하게 구획하기보다는 공간 간의 유기적인 관계를 설정하고, 40평이 채 되지 않는 면적 안에서 깊이를 확보하기 위한 방법으로 기울어진 공간을 적극 활용하였다.

아침이 되면 동쪽에서 햇살이 낮게 깔려 들어온다.
집 안 깊숙한 곳까지 들어온 햇살이
지난밤을 채운 어둠을 서서히 걷어낸다.

5

수헌정에
살아보며

알파하우스를 염두에 두고 어느 정도 개성 있는 공간을 마련했다. 특색 있는 공간에 살아본 경험과 느낌은 일과 휴식을 위해 새로운 집을 꿈꾸는 분들에게 좋은 참고가 되리라 생각한다.

©신경섭

기울어진 집: 다양한 높이의 공간

수헌정은 기울어져 있다는 게 가장 큰 특징이다. 이런 외관적 특징으로 어느 신문에서는 '기울어진 집'을 제목으로 뽑기까지 했다. 건축가가 처음부터 집 이름을 Leaning House로 명명했던 것과 유사하다. 많은 사람들이 집이 기울어졌다는 사실을 신기해하는 동시에 과연 그럴 만한 이유가 있는지 궁금해한다. 외부에서 보면 주변의 산세가 집이 기울어진 각도(약 18도)로 내려간다. 지붕이 남쪽으로 들린 각도와 아주 절묘하게 맞아떨어진다. 계획 단계

Alpha House

에서는 평지붕보다는 기울어진 지붕의 형상이 주변의 산세와 잘 어울리리라는 생각을 하고 결심을 굳혔다. 그런데 짓고 보니 이렇게까지 오른쪽 산능선과 잘 맞아떨어질지 몰랐다. 기대 이상의 효과를 얻은 것 같다. 수헌정을 방문하는 이들 누구나 대청마루 위의 처마 선과 산세의 조화에 크게 감동한다. 주변의 산세까지 교묘히 품고 있는 건물이 된 셈이다.

기울어진 형태를 채택함으로써 실내에 다양한 높이의 공간이 생겼다. 아파트의 천장 높이는 거의 동일하다. 평수가 크든 작든 집 안에서 색다른 감흥을 얻기는 어렵다. 그래서 아파트가 단조롭다고 하는 것은 아닐지.

이러한 단조로움에서 벗어나기 위해 수헌정을 계획할 때부터 천장이 높은 공간을 고려했다. 아파트의 제한된 높이를 벗어나지 않고서는 공간의 변화감을 갖기 어려울 것 같았기 때문이다. 그런데 공간이 크다 보면 아늑한 맛이 없어서 겨울철에는 을씨년스러울지도 모른다는 우려도 있었다. 1970년대 말에 집 장수들이 지었던 이층집에는 두 개 층 높이의 거실이 있었다. 그런데 층고는 높은데 난방은 라디에이터 방식이어서 겨울에는 늘 추위로 고생했다. 그래서 지금도 큰 공간에서 난방을 어떻게 할 것인지를 가장 중요하게 생각한다.

천장 면을 경사지게 함으로써 큰 공간을 갖되 친근감을 주는 낮은 공간도 동시에 갖고 싶었다. 북쪽의 낮은 곳은 2.6미터 정도지만 남쪽 방향 서재 층의 천장은 바닥에서 높이가 5.8미터나 된다. 아파트를 기준으로 본다면 두 개 층 이상의 높이다. 수헌정에서는 천장 면도 지붕의 경사면과 평행하도록 만들어서 내부 공간은 좀 좁아졌지만 제법 다양한 높이의 공간을 얻을 수 있었다.

처음부터 큰 공간을 염두에 두었기에 가능하면 공간의 대비를 경험할 수 있도록 현관과 응접실의 천장 높이는 2.1미터로 낮게 만들었다. 그러나 응접실을 지나 거실 쪽으로 발길을 옮기면 '홀'처럼 커다란 공간이 눈에 들어온다. 낮은 응접실과는 대비되도록 계획한 부분이다. 커다란 공간 속에 작은 공간이 달려 있는 형식으로 공간을 꾸미고 싶었던 것은 우리의 의식에 중심성을 중시하는 생각이 있는 듯해서였다. 옛날 주택에서는 마당을 중심으로 공간이 배치되었고 아파트에서는 거실이 중심적 기능을 하고 있다. 경사진 천장은 하나의 커다란 공간 속에 작은 부분 공간들을 마련하는 데 아주 효과적인 역할을 하고 있다.

식탁이 있는 식사 공간은 높이가 2.6미터다. 식사 공간에서 바라보는 메자닌 층의 높이는 5.8미터로 제법 커다란 홀 수준이다. 낮은 천장 높이의 공간에 앉아서 식사를 하지만 높은 홀을 경험할 수 있도록 마련한 셈이다. 처음부터 수헌정에서는 작은 행사나 음악회 등에도 사용할 목적으로 커다란 홀 공간을 마련하였다.

화장실도 경사진 천장이 있어 색다른 분위기가 난다. 천장이 낮은 쪽에 변기를 두어 시선이 높은 쪽의 천장을 향하도록 만들었다. 1층 화장실의 높은 쪽 천장 높이는 3.2미터니 화장실치고는 제법 높은 편이다. 오랫동안 2.1미터 남짓한 높이의 화장실에서 신문이나 책자를 보던 생활 습관을 생각하면 높은 천장의 화장실이야말로 변화된 감각을 주는 새로운 공간이란 생각이 든다.

계단을 올라가면 서재다. 서재 층에서도 천장 면은 경사져 있기에 책상 주변에 앉아 활동을 하다 보면 조금 색다른 느낌을 받는다. 특히 서재 층에서 연결되는 갤러리 끝 천장 높이는 0.9미터 정도로 낮아 쓰임새를 걱정하기도 했다. 그러나 집이 완공된 후 집에 놀러온 손자들이 누가 시키지도 않았는데 계단을 올라가 낮은 천장이 있는 이 갤러리 코너 끝에 앉아서 즐겁게 놀았다. 식구들을 위해 집을 짓는다고 하면서도 성인들만을 위한 공간을 만들고 있지는 않은지 되돌아보는 계기가 되었다.

알파하우스를 생각한다면 어린아이들을 위해 한두 곳쯤은 낮은 높이의 공간을 만들어둘 필요가 있는 건 아닐까. 사실 1층의 동쪽 격벽 사이 계단 하부에 만들어진 공간은 처음부터 아이들을 배려한 곳이다. 개구부의 높이도 1.5미터로 비교적 낮게 설정하였고, 하부 쪽에는 빛이 들어오도록 하여 작지만 친근감을 줄 수 있도록 만든 코너 공간이다. 이 코너는 '숨는 공간'으로만 쓰는 것 같은데, 갤러리 코너는 앉아서 아래의 거실이나 주방을 바라보며 소위 '놀이'를 할 수 있어서 좋아하는 것 같다. 아이들에게는 천장의 높이도 중요하지만 그 공간에서 무언가 할 수 있도록 배려해주어야 한다는 생각이 들었다.

천장 면을 전체적으로 경사지게 만들다 보니 2층 침실의 천장 면도 경사지게 되었다. 높이가 낮은 쪽에 머리를 두든 높은 쪽에 머리를 두든 매번 새로운 느낌이다. 침실에 딸린 화장실도 경사진 천장을 갖고 있다. 1층의 화장실처럼 남쪽을 향해 경사가 졌으므로 변기를 북쪽 낮은 곳에 두고 욕조를 남쪽의 유리 창문 바로 옆에 두었다. 화장실은 이 집에서 2층 가장 깊숙한 남쪽에 마련된 공간이어서 프라이버시가 가장 높고 동시에 남쪽에 면하므로 가장 밝은 공간이기도 하다. 아내는 겨울철 남쪽 햇살을 안고 눈 쌓인 밖을 보며 좌욕을 할 수 있다는 점을 제일 마음에 들어 한다. 한마디로 경사진 천장면이 있어 다양한 높이의 공간을 만들 수 있었다. 부분 공간들이 주는 높이의 변화가 매번 새로운 느낌을 주고 있다.

스펙터클한 홀 공간

낮은 아파트 공간에서만 살아왔기에 수헌정에서는 좀 큼지막한 홀 공간을 중심에 두어도 좋을 것 같았다. 물론 과시적이라고도 할 수 있을 것이다. 아파트가 개인의 사적 거주 공간이라고 한다면 수헌정은 사회적 공간 내지는 공적인 공간의 성격이 강하기에 커다란 홀 공간을 마련한 것이다. 공적인 이미지를 갖는 하나의 스펙터클한 공간이 수헌정의 매력 포인트가 되기를 기대했다.

이때 커다란 공간을 품되 높이를 다양하게 만들어보고자 생각하게 된 게 기울어진 집이다. 스케치를 해보는 과정에서 기울어진 각도가 18도 이상이 되면 너무 가파르게 느껴지고 반대로 18도가 안 되면 어딘가 처지는 입면이 되어서 맥이 풀리는 것을 확인했다.

18도는 참으로 묘한 각도이다. 각도를 재보고서 정한 게 아니라 주어진 대지의 폭에서 충고의 높이를 나누어 단면을 계획하다 보니 자연스럽게 18도라는 각도가 채택됐다. 콘크리트 공사를 끝내고 비계를 털어냈을 때 기울어진 공간의 크기가 한눈에 들어왔다. 크지만 동시에 편안함이 있었다. 적절한 개방감과 폐쇄감이 공존했다.

왜 이런 느낌이 드는지 자세히 알고 싶어서 책을 찾아보았다. 인간은 시각적으로 아래로 45도, 위로 30도, 좌우로는 65도까지는 눈을 돌리지 않고도 자연스럽게 볼 수 있다고 한다. 도면에서 분석해보니 식탁이 있는 곳에서 서재 층의 벽면 최상부를 바라다보면 그 거리와 높이의 비가 대충 2 대 1로 앙각(仰角,올려본각)이 30도가 되었다. 쳐다보려고 노력하지 않아도 되는 앙각 30도가 끝나는 지점에 서재의 벽과 천장 면이 만나는 셈이다. 그러니까 30도라는 앙각의 끝 지점에 서재 층의 벽 선이 있고, 그것이 18도로 된 천장 면과도 만나 전체적인 공간의 분위기는 폐쇄감이 있지만 상층부로 향한 개방감을 동시에 느낄 수 있는 공간이 된 것 같다.

이런 큰 공간은 다양한 용도로 쓰일 수 있다. 준공을 한 후 수헌정에서는 제법 많은 모임이 있었다. 가장 많이 모인 때는 오픈하우스 날이었다. 적어도 50~60명은 방문했고 거실 공간에서는 참석자들을 위한 발표회도 열렸다. 식탁을 옮겨서 홀 공간을 발표회장으로 만들어 계획했던 대로 1층과 계단 그리고 서재 공간에도 북쪽의 경사 벽을 바라보며 청중들이 들어앉았다. 처음에는 이 벽이 스크린 역할을 하려면 수직이 되어야만 하는 줄 알았다. 그런데 요즘의 프로젝터는 스크린이 경사를 이루더라도 지장이 없도록 보정하는 장치가 있었다. 계획 단계에서 스크린으로 사용한다는 목적 때문에 벽체가 수직이 되어야 한다는 주장은 기술적 발전을 모르는 주장이었던 셈이다. 경사진 벽면을 스크린으로 사용하는 것을 보며 청중들은 오히려 신기

해했다.

그 후 동호인 20~30여 명이 모여 바비큐 파티를 한 적이 있었다. 어떤 모임은 음악을 좋아하는 사람들이어서 내부 홀에서 자연스럽게 독창을 뽑내거나 중창을 하기도 했다. 플루트 연주회도 열었다. 홀이 커서 음향이 아주 좋은 것 같다는 평가를 듣는다. 건축 공간의 음향적 성능은 공간 크기와 비례하기 때문이다. 집에 혼자 있을 때는 가끔 좋아하는 곡을 틀어놓고 마치 노래방에 온 것처럼 크게 노래를 부르기도 한다. 노래를 잘하지는 못하지만 큰 공간 덕에 제법 좋게 들리고, 이렇게 큰 홀에서 마음껏 노래를 하고 나면 카타르시스를 느끼곤 한다. 전원에 와서 얻은 또 하나의 즐거움이다.

큰 홀의 음향적 효과를 알아서인지 어느 작곡가는 수헌정을 가끔 사용하고 싶다고 한다. 아파트라는 생활공간에서 식구들과 함께 지내다 보면 창작에 집중하기 어렵고, 그렇다고 펜션에 가보아도 젊은이들이 떠드는 소리에 집중하기 어렵기는 매한가지라고 한다. 조용한 곳에 커다란 실내 공간을 갖고 있으면 집회나 음악회 등은 물론 창작 공간으로도 활용할 수 있다.

커다란 홀 공간을 마련하는 과정에서 우여곡절도 있었다. 계획이 거의 완성되어가는 즈음에 출가한 딸아이의 의견을 물었다. 평면도를 보더니 대뜸 여기는 침실이 하나밖에 없냐며 우리 애들은 여기 와서 어떻게 지내느냐고 볼멘소리를 한다. 사실 그럴 것도 같았다. 도시의 아파트에 있다가 전원에서 하룻밤 쉬다 가려 했는데 여분의 방이 없는 꼴이니 말이다. 방을 하나 더 만드는 게 좋은지 아니면 방을 포기하고 조금 더 큰 공간을 만드는 게 좋은지

약 20명의 인원이 착석할 수 있는 공간
이 마련되었다.

메자닌은 훌륭한 무대가 되기도 한다.

는 전적으로 주인의 취향에 달렸다. 자주 쓰지도 않는 침실을 마련하기 위해 공용 공간을 좁게 만든 탓에 답답해하는 경우를 많이 보아왔기에 꼭 필요한 침실이 아니면 만들지 않는 쪽에 표를 던지고 싶다.

큰 홀 공간을 만들기 위해 침실을 더 넣지 않고 그 대신 텐트를 마련하는 것으로 타협을 보았다. 날씨가 좋으면 대청마루 쪽에 텐트를 치기도 하고, 날씨가 추우면 실내에 텐트를 치면 되니 아이들에게도 재미난 경험이 될 수 있다. 자주 사용하지 않는 침실을 만드는 대신 텐트를 활용하는 것은 유용한 아이디어라 생각한다. 모두가 스펙터클한 공간을 만들기 위해서였다.

안방 한편의 차 마시는 공간

언젠가 친한 일본 교수 한 분이 고향 나가노에 지은 다실茶室에 초대해줬다. 나무 위에 지은 작은 다실 건축을 본 것도 인상 깊었지만 특별한 공간에 마주 앉아 함께 차 마시던 기억이 오랫동안 남아 있다. 그렇게 건물로 독립된 다실을 마련하지는 못하더라도 차를 마시는 별도의 공간은 꼭 갖고 싶었다.

영어에 coffee break와 tea time이라는 말이 있다. 물론 그 의미를 따져가며 커피나 차를 즐기는 것은 아니겠으나, 외국에서 일해본 경험에 비추어보면 커피브레이크는 '재충전', 티타임은 '휴식'의 의미가 좀 더 강하다. 요즘은 사무실에서도 커피 대신 차를 준비해두기도 하지만 커피는 일을 더 하기 위해서 그리고 차는 여유로운 시간을 갖기 위해 마시는 것이라는 인식이 내겐 일찍부터 자리 잡고 있다. 그래서인지 전원에 집을 짓게 된다면 어딘가에 차 마시는 공간을 마련하고 싶었다. 크기는 작더라도 차를 즐기는 공간이 알파 하우스의 핵심일 수 있다는 생각이 들기도 했다.

그러나 설계를 하다 보니 제한된 규모 때문에 별도의 공간을 계획하기가 어려웠다. 여러 곳에 적당한 공간을 생각해보았지만 쉽지는 않았다. 수헌정에서 차는 주방의 아일랜드에서 마실 수 있고, 응접실에서도 즐길 수 있으나 모두 입식이다. 차는 모름지기 앉아서 마셔야 분위기가 나는 법이다. 결국 찾아낸 곳이 안방이었다. 궁여지책의 공간이지만 그래도 수헌정에서는 청평호가 보이는 가장 전망 좋은 방이다. 창호도 한식으로 동쪽과 남쪽 두 곳에 마련해두었고 창문의 턱도 40센티 정도로 낮게 마련하였기에 앉은 자세로 주변 경관을 보며 차를 즐기기엔 훌륭하다.

손님이 2층 안방까지 와서 차를 마시는 게 부담스럽지 않을지 걱정할 수 있지만 더 극진한 대접을 하는 듯한 효과도 있다. 과거에는 귀중한 손님이 오면 안방으로 모셨다. 취침 공간이 내밀한 공간에 머물러야 한다는 생각은 아파트의 영향 때문이다.

한편 처음에는 1층 응접실에 텔레비전을 설치했는데 손자들이 늦게까지 텔레비전을 봐서 관리가 어려웠다. 그래서 안방으로 텔레비전을 옮겼더니 아이들을 돌보기도 수월하고 안방에 가족적인 분위기가 만들어지기도 한다. 평소에는 부부만의 공간인 안방이 손님이 찾거나 아이들이 오면 가족실이 되고 있는 셈이다.

미지의 여유 공간, 다락

집을 짓고 난 후 아이들로부터 가장 관심을 받은 곳이 다락이다. 이곳을 다락으로 불러야 할지 아니면 창고로 불러야 할지 잘은 모르겠으나 지금은 서재의 보조 공간으로 쓰고 있다.

　이 공간은 전적으로 구조적 이유로 생겼다. 전체적인 건축 구조에서 보듯 수헌정은 컨테이너 같은 상자가 남쪽으로 불쑥 튀어나온 모양이다. 이때 튀어나온 길이가 무려 3.6미터나 되어 일반적인 캔틸레버로는 지탱이 어렵다. 삼각형으로 마련된 트러스형 캔틸레버 구조를 취해 긴 돌출 길이가 가능했던 것이다. 이 삼각형 부분에는 온수 탱크와 전기 분전반, 각종 설비를 넣고도 여유가 있어 각종 보조 공간으로 쓰고 있다. 바로 옆이 서재라 자료를 두기도 편하다. 통풍이 제일 중요할 것 같아 동쪽과 서쪽 양쪽에 같은 크기의 쪽창을 두어 맞바람이 불도록 했다. 바람이 잘 통하고 양쪽에서 자연광까지 들어와 활용도가 매우 높다.

　나에게 다락 공간은 언제나 예견하지 못한 미지의 공간으로 다가온다. 어릴 적 서울 보문동의 개량 한옥에 살았었다. 어느 날 안방 아랫목 위에 달린

문을 열어보니 계단 너머로 낮은 공간이 펼쳐져 있었다. 서까래는 그냥 노출되어 있고, 마당 쪽으로 낮은 창문까지 달려 있었다. 어렸을 적 다락에서 놀던 기억 때문인지 예상하지 못한 삼각형 공간의 출현이 오히려 반가웠다. 손주들도 다락 공간을 아주 좋아한다. 어렸을 적 내가 다락을 좋아했듯이.

수헌정의 다락(좌)과 전통 주택의 다락(우)

경사지에 마련한 지하 공간

집을 짓다 보면 지하실을 두고 한 번쯤은 고민하는 것 같다. 땅값이 비싼 도시에서는 지하를 파서 공간을 마련하는 게 경제적으로 이득이 되겠지만 전원에서는 상황이 다르다. 지하는 공사비가 지상에 비해 비싸고, 방수나 방습이 제대로 되지 않아 공간을 제대로 쓰지 못하는 경우도 적지 않기 때문이다. 처음에는 서고용으로 지하 공간을 넣어볼까 했으나 그때마다 습기 문제가 마음에 걸렸다. 물론 벽을 이중으로 하고 중간에 공기층을 두는 드라이에어리어dry area를 만들면 문제를 어느 정도 해소할 수 있겠지만 결정적으로 쾌적한 지하 공간을 만들어낼 수 있을지 장담하기 어려웠다. 현장 여건이나 공사 수준과도 연결되기 때문이다. 처음에는 수헌정에 지하 공간을 설계하였으나 마지막 순간에 접었다.

그러나 마당 끝에 콘크리트 옹벽을 쌓으며 지하 공간을 다시 고심하게 되었다. 우리 집의 마당과 아랫집의 마당은 대지 높이가 약 5.2미터나 차이가 난다. 자연석을 쌓거나 방부목으로 구조물을 만드는 등 여러 방안을 검토해보았지만 건물의 외부가 흑연색 징크라서 아무래도 모던한 감각을 주는 노출콘크리트가 좋을 것 같았다. 그런데 토목 전문가가 마련해준 L 자 형 콘크리트 옹벽은 커다란 댐처럼 보였다. 상부에서 내려오는 물의 양이 적지 않은 지역임을 고려했을 때 중앙에 컨테이너 같은 박스를 만들어두면 구조적으로 안정되고 필요한 보조 공간도 얻어낼 수 있을 것 같았다.

결국 지하실이 있는 옹벽을 만들기로 다시 결심하게 되었다. 내심 결로가 생기지 않고 곰팡이가 피지 않는 지하 공간을 만들어보고 싶은 욕구도 있었다. 지하 공간이 제대로만 마련되면 여름철에는 시원하고 겨울철에는 따뜻하게 쓸 수 있기 때문이다. 강행하여 지하실 공간으로 6.5평 그리고 전실 공간으로 2평을 확보하였다. 지하실이지만 두 개의 면이 외부와 면해 있어 밝은 지하 공간이 된 셈이다.

사진에서 보는 대로 L 자 형 콘크리트 구조물의 하부에서 60센티미터 이상을 띄워서 다시 바닥 콘크리트를 치고 지하에 면하는 두 면도 이중벽을 만들어 방수와 단열 마감에 최선을 다했다. 결과는 대성공이었다. 3년째 여름과 겨울을 나지만 지하에는 어떤 결로 현상도 없다. 기대한 대로 여름철에는 시원하고 겨울철에는 언제나 온기를 느낄 수 있다. 올여름 기온이 31도인 날 지하는 26도였다. 외기와 5도의 차이를 보였다. 그리고 지난 2월 지상이 영하 13도일 때 지하 공간은 영상 3도, 지상이 영하 4도일 때 지하는 영상 4도로 거의 10도 가까이 차이가 났다. 지하 공간은 온도의 변화가 크지 않고 영하로 내려가지 않아 겨울철에 쓰임새가 높다. 최소의 에너지 비용으로 유지할 수 있는 쾌적한 공간이 마련된 것이다.

지금은 서고로 쓰고 있으나 지하실을 방문해본 친구들은 아무 때나 와서 자고 갈 수 있을 정도로 쾌적하다고 칭찬한다. 실제로 여러 번 자보았는데 예상보다 아늑하고 쾌적했다.

전원주택은 경사지에 마련해야 하는 경우가 많다. 이때 옹벽이 생기는 부분에 지하 공간을 마련해두면 구조적으로 안정적이고, 환경적으로도 쾌적한 공간으로 쓸 수 있음을 알게 되었다. 지상 못지않은 지하 공간이라 그런지 지하실에만 가면 마음이 뿌듯하다.

콘크리트 옹벽과 지하 공간. 흑연색 징크와 어울리도록 노출 콘크리트 옹벽을 채택했고, 지하수 수량이 많아 구조적 안전을 고려해 지하실을 마련했다.(위)

외부 창이 동쪽을 면하여 지하 공간이라도 어둡지 않다.(아래)

미완의 성聖스러운 공간

아파트에서는 각 공간의 용도가 분명하다. 현대 건축의 이념이 합리적인 공간을 만드는 것으로 귀결되다 보니 용도가 분명하지 않은 공간은 불필요하다는 생각이 굳어졌다. 이런 기능적 사고에 대한 반발로 한국 현대 건축의 거장 김수근 선생은 '여유 공간'의 필요성을 언급했다. 여기저기 숨겨놓을 곳이 있어 융통성이 있었던 전통 건축처럼 현대 건축에서도 그런 여유 공간을 찾고 싶어서였다.

비슷한 맥락에서 집에 꼭 필요한 공간은 아니지만 조금은 성스러운 공간을 갖는 게 필요하지는 않을지 처음부터 고민했다. 일식 주택에는 '도코노마とこのま'라는 공간이 있다. 꽃이나 도자기 또는 족자 등을 두며 감상할 수 있도록 정갈하게 가꾼 곳으로, 집안의 어떤 귀중한 정신을 간직하고 있는 공간으로 보였는데 요즘은 일식 음식점에나 가야 볼 수 있다. 같은 그림, 비슷한 도자기더라도 도코노마에 놓인 것은 더 귀중해 보이고 관심이 갈 수밖에 없다. 이곳을 수납공간이나 창고라고 하기엔 그 목적이 다르다.

우리나라에서는 집과 관련된 토속신앙이 있었다. 신과 조상을 모신 흔적은 집 안 도처에서 찾아볼 수 있다. 부뚜막을 관할하는 신으로 주택에서 가장 중요하게 여긴 조왕은 가정의 평안을 지키는 신이었다. 마당에는 지신이, 마루에는 성주신이 그리고 안방에는 삼신이 존재하며 각기 신직을 행사한다고 믿었다. 장독대나 뒷간에도 귀신이 산다고 믿었다.

사대부 집에서는 사당이라는 별도의 건물까지 짓고 선조들을 모셨는가 하면 공간이 부족해 사당을 별도로 두지 않을 때에도 집 안의 한 칸을 '사당방'으로 마련해 위패를 모셨다. 사당방을 두는 것조차 여의치 않으면 대청마루의 한쪽 또는 툇마루가 있는 모퉁이에 집안의 내력을 담은 족보나 유품 등을 두고 지냈다. 집을 그저 생활만을 위한 공간이라고 보기보다는 한 집안의 정신적 내력을 지켜가는 공간으로 생각한 듯하다. 비슷한 예로 지금도 전통 가옥에 가보면 집주인에게 의미가 있는 편액이 걸려 있곤 한다. 지금은 그런 문화가 다 어디로 사라졌는지 아쉬울 때가 많다. 신앙이든 관습이든 집 안에 가족의 역사에서 지켜가고 싶은 정신을 담을 공간은 필요하지 않을지.

이런 까닭에 수헌정에서는 동쪽에 면하는 계단의 하부 격벽 사이에 공간을 남겨두었다. 창고로 쓰일 법한 공간이지만 나는 처음부터 생각이 달랐다. 집안의 내력을 보여줄 수 있는, 그래서 조금은 성스러운 공간을 만들어보려고 한다. 이곳이 종교적이어야 하는지 아니면 가족의 역사와 관련되어야 하는지 아직은 방향이 서지 않지만 우선 집안에 내려오는 족보나 유품을 놓을 계획이다. 집이 단지 먹고 마시며 잠자는 공간에 머물기보다는 한 집안의 내력과 정신을 담아가는 의미도 있어야 한다고 믿기 때문이다.

계단 상부 오른쪽에 마련한 성스
러운 공간은 아직 미완으로 남겨
져 있다. 바닥을 통해 들어오는
빛이 성스러운 분위기를 더한다.

남겨진 과제: 건축과 미술의 만남

집을 지으면서 예술적 분위기가 깃든 공간을 마련하고 싶었다. 계획 단계부터 생각하다 설계가 어느 정도 된 다음에야 미술을 하는 지인과 집 안에 미술품을 어떻게 두어야 하는지를 상의한 적이 있다. 그랬더니 그 친구는 이 건물은 공간 자체가 예술이 될 수 있는데 뭐하러 그림을 거냐며 오히려 '건축적 공간'을 잘 살려보라고 권유했다. 그래서 미술품에 대한 구체적 계획 없이 공사에 들어갔다.

집을 완성하고 여러 사람들이 방문했다. 종종 화가 분들도 함께 왔다. 좋은 작품이 있으면 몇 점 구해서 걸어보려는 생각은 늘 하고 있었다. 어느 날 고명한 화가 한 분이 그림을 구상해보고 싶다고 방문하셨다. 그림 위치를 논의한 결과, 기울어진 이 집에서는 그림을 걸어놓을 데가 마땅치 않았다. 그림이 걸려야 할 그럴싸한 벽이 이렇게까지 없는 줄은 몰랐다.

현관은 너무 좁고 진입하는 공간이어서 어떤 작품을 걸어놓아도 제대로 감상할 위치가 아니다. 대안으로 응접실이나 거실을 생각했다. 그런데 응접실이 그리 크지 않고 처음부터 동쪽으로 낸 창은 멀리 청평호를 보기 위해 마련했기에 그 옆에 그림을 걸어놓는 것도 그리 편안해 보이지는 않았다. 그래서 넓은 거실로 시선을 돌렸다. 계단 상부의 벽면은 천장이 경사져 있어 사각형의 작품을 걸면 사선의 천장 선과 어울리지 않는 것 같았다. 북쪽의 경사 벽에 그림을 걸어보는 게 어떠냐는 제안도 있었다. 그러나 이 경사 벽은 스크린으로 써야 하고 전체 건축 공간의 개념을 잘 드러내는 벽체인데 그 위에 그림을 걸려니 어딘지 잘 맞지 않았다. 더욱이 경사진 벽의 상단부에는 긴 수평창을 통해 앞산의 산등성이를 사시사철 감상할 수 있어 동양화의 한 폭을 보는 것 같다는 칭찬이 많았기 때문이다.

도무지 여백이 있는 사각의 벽면을 찾기가 어렵다. 수헌정에서 예술품이 놓일 수 있는 공간은 격벽 사이에 삼각형 모양으로 움푹 들어간 공간이 유일한 것 같았다. 처음엔 책꽂이나 장식 코너로 사용할까 했는데 아직은 비워두었다. 그런데 아무리 좋은 작가의 그림을 떠올려봐도 이 공간에 잘 맞지 않는다. 이 공간에 맞는 작품이 새롭게 구상되어야 할 것 같다. 일반적으로 화가들은 사각형의 그림틀을 마련하고 작품을 그린다. 화가는 그림이 도형 figure이 되어야 하고 건축 공간이란 배경ground에 머물러야 한다고 생각하는 게 보통이다. 건축가와 화가의 접점을 찾기가 그리 간단치 않다.

그렇다면 미술품을 위한 공간을 어떻게 마련해야 좋았을까. 계획 단계로 시점을 돌려본다. 그때는 막연히 위치 좋은 곳에 예술품을 놓겠다 생각했지 각부 공간에 들어가야 할 미술품의 크기와 조명 등 미술품을 돋보이게 하는 '장치'에 대해 세심히 고민하지 못했다. 물론 그렇게 했더라도 수헌정에서는 좋은 위치를 찾기 어려웠을지 모른다. 미술품의 가치가 높다 하다라도 건축 공간에 저해 요인으로 작용할 가능성이 있기에 구매를 주저하게 되었다. 알파하우스에 예술품을 놓을 생각이라면 처음부터 계획을 짜야 미술과 건축이 비로소 자연스럽게 만날 수 있을 것이다. 마치 미스가 그의 대표작 바르셀로나 파빌리온에서 독일의 현대 조각가 게오르크 콜베(Georg Kolbe, 1877~1947)의 청동 조각상 알바를 설치하기 위해 배경이 되는 벽면과 연못을 만들어둔 것처럼 말이다.

다시 홑집에 살아보다

우리 전통 주택은 대부분 홑집이다. 물론 함경도의 일부 지방에서는 田 자 형태의 겹집이 있기도 했으나 대부분이 홑집이었다. 일제강점기에 문화주택이 도입되면서부터 겹집이 출현한다. 문화주택에는 한인들이 많이 살지는 않았지만 이 시기에 지어진 관사나 사택은 겹집 형태가 다수였다. 이런 형식에서 영향을 받은 한인 선각자들이 주택개량운동기에 '개량 주택'이라는 이름으로 겹집 형식의 주택안을 제안하기도 했다. 한국전쟁이 끝난 후 주택영단이나 산업은행에서 표준 주택을 대량으로 공급하면서 겹집 평면이 널리 퍼진다. 1970년대 새마을주택이 보급되면서부터는 남쪽에 거실을 두는 겹집 형식으로 평면이 정착하기에 이른다. 나아가 이와 유사한 겹집 평면이 아파트에 적용되면서 겹집 평면이 일반화된 결과 이제는 홑집의 공간 형식에 익숙하지 않은 사람들이 더 많다.

홑집과 겹집은 공간 내부의 환경적 조건이 매우 다르다. 우리나라에서 비교적 오랫동안 전 지역에서 홑집이 채택되었다는 것은 홑집이 자연적 조건을 가장 잘 받아들이는 형식이었기 때문이다. 홑집은 일조나 통풍에 유리하고 프라이버시를 보호하기 좋다. 방의 앞뒤가 모두 열려 있어 여름철이면 언제라도 맞바람이 불 수 있도록 방에서 조절할 수 있다. 그러나 외기에 면한 벽면이 많아서 겨울철이면 아무래도 공간을 따뜻하게 유지하는 데 어려움이 있다. 반면에 겹집은 일조나 통풍 그리고 프라이버시 보호는 홑집만 못하다. 그러나 실 공간의 한쪽 벽면만 외기에 면하기에 보온에는 유리하다. 이처럼 홑집과 겹집에는 장단점이 있으나 일조나 통풍의 측면에서는 홑집이 월등히 우수하다.

자연 조건을 최대한 이용하는 현대식 주택을 원했기 때문에 수헌정을 가능한 홑집에 가깝게 지었다. 그리고 지금은 홑집으로 지어진 집에 살면서 빛의 향연을 누리고 있다. 도시의 아파트에서는 남향이라 해도 경험하기 어려운 일조의 감각을 하루 종일 느낄 수 있다. 아침이 되면 동쪽에서 햇살이 낮게 깔려 들어온다. 집 안 깊숙한 곳까지 들어온 햇살이 지난밤을 채운 어둠을 서서히 걷어낸다.

그러다 해가 중천에 오르면 햇살은 방향을 바꾸어 남쪽의 창으로 들어오기 시작한다. 하루 중 실내가 가장 밝아지는 시간이다. 오후 2~3시까지는 남쪽 창으로 햇빛이 들어오고, 오후 3~4시 이후에는 서쪽 창으로 서서히 강한 햇살이 내려온다. 서재 층의 서쪽에 낸 쪽창으로 들어와서 1층에 떨어지는 햇살을 보노라면 경외감을 느낀다. 이때 1층 화장실 서쪽의 긴 쪽창으로 들어오는 빛의 궤적은 원목 마루 위에 나타난 또 다른 자연의 선물이다. 아침부터 오후 늦게까지 이어지는 빛의 궤적은 집 안을 살아 움직이게 하여 커다란 감흥을 전달해주고 있다.

홑집은 통풍도 원활하다. 아파트 같은 겹집에서는 한쪽 방의 창문을 열어 놓아도 다른 쪽 방이 막혀 있으면 바람이 통하지 않는다. 수헌정에서는 여름철에도 냉방기를 사용하지 않고 여름을 보낸다. 일반적으로 폭이 4미터 내외인 옛날의 홑집은 외기에 면하는 벽면이 길어져 난방이 힘들었다. 그러나 수헌정은 폭이 7.2미터로 비교적 깊은 편이라 외벽면이 그리 길지 않다. 외벽면의 길이를 늘이지 않으면서도 홑집으로 최적화한 게 수헌정의 평면 구조다. 휴식을 목적으로 주택을 마련한다면 통풍과 일조에 유리한 홑집을 고려해보길 권한다.

다양한 빛이 수헌정 내부 공간으로
흘러든다.

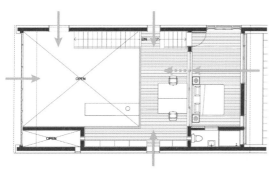

사방의 창을 통해서 시간대
마다 다양한 빛이 들어온다.

빛과 그림자를 새롭게 깨닫다

일반적으로 대학 건축 교육 과정에서는 빛과 그림자의 의미를 별로 강조하지 않는다. 학생들은 늘 형태를 만드는 데 관심이 쏠려 있다. 그러나 집을 짓고 지내보니 빛과 그림자에 대한 생각이 많이 달라졌다.

전원에 살아보니 계절마다, 시간마다 변하는 햇빛을 느낀다. 아침 햇살은 청소하듯 곳곳에 청량감을 주고 금세 사라진다. 오후 서쪽 높은 각도에서 떨어지는 빛은 무척 강렬하다. 오후의 빛이 닿은 곳에서는 한바탕 빛의 향연이 일어난다. 화장실의 수직 쪽창을 통해 들어오는 빛은 강한 선형의 아름다움을 선사해주고, 서재 층 창을 통해 장식 테이블 위 목각 인형에 떨어지는 햇살은 실루엣의 효과로 추상화가 연상되기도 한다. 빛의 각도는 시시각각 변하고 음영이 진 영역도 달라진다. 공간이 마치 살아 움직이는 것 같다. 서쪽 빛이 너무 강렬한 까닭에 보통은 창을 내지 않지만 작은 쪽창 정도는 실내 공간을 아름답게 바꾸어주는 분위기 메이커가 될 수 있다.

그러나 햇빛이 싫을 때도 있기 마련이다. 한낮에 쏟아지는 햇살은 멀리하고 싶은 생각뿐이다. 이때 필요한 게 그늘이다. 여름에 프랑스로 여행을 다녀왔는데 강렬한 햇빛을 피해 그늘에만 들어가도 그렇게 시원할 수가 없었다. 심지어 뜨거워진 차 속에 들어가 있어도 시원했다. 습도가 우리와는 다르기 때문이다. 우리는 습도가 높아서 바람까지 불어야 시원함을 느낀다. 이런 이유 때문에 한국인이 정자나 누처럼 지붕은 있고 사방이 열린 공간을 좋아하는 게 아닐까. 그렇다면 과연 우리는 바람과 그림자가 함께 있는 주거 공간을 만들어내고 있을까.

아쉽게도 대부분의 현대 주택이 실내 공간에 그늘은 있지만 바람이 잘 통하지 않는다. 창문이 있더라도 개구부가 좁거나 맞바람이 불기 어렵게 공간이 배치된 경우가 많다. 그렇다고 외부에 시원한 공간을 만들고 있느냐 하면 그렇지도 않다.

수헌정을 계획할 때는 생각하지 못했는데 공사 중 현장 소장이 툇마루 공간을 제안했다. 소장의 의견에 따라 건물의 동쪽과 서쪽에도 툇마루로 마감했다. 특히 동쪽의 툇마루는 청평호를 바라보기에 제일 좋은 곳이고, 정오 이후에는 직사광선을 피하며, 골짜기 바람을 그대로 느낄 수 있는 아주 쾌적한 공간이다. 여름철에 친구와 마주 앉아 맥주를 마시거나 담소를 나누기에 아주 좋다.

우리의 여름철은 햇볕이 강해서 그늘을 만들 때 바람이 잘 부는 곳인지 꼭 살펴야 한다. 선조들이 과거 바람 골이 있는 곳에 정자나 정사를 지었던 것을 보면 이 두 가지 조건, 즉 '그늘'과 '바람'을 충족할 수 있는 공간이 오늘날의 알파하우스에서도 꼭 필요하리라 생각한다. 전원에 나와서까지 에어컨에

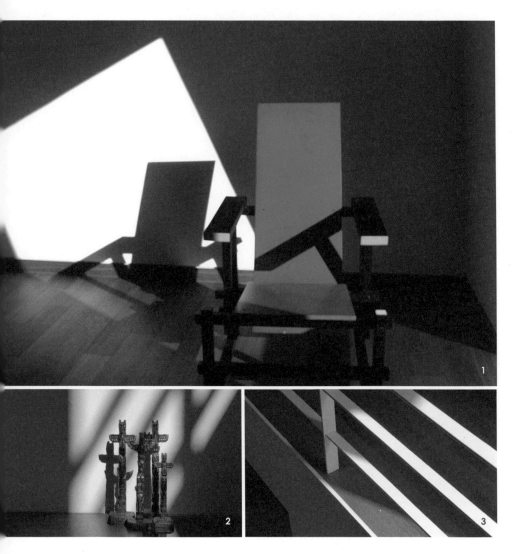

1 헤릿 리트벨트의 의자Red and Blue Chair에
  떨어지는 빛과 그림자
2 소품 위에 떨어지는 빛과 그림자
3 메자닌 층 철재 난간 위에 떨어지는 빛의 효과

의존한 건물을 짓는다면 그만큼 자연과는 멀어지는 집이 되리라. 열린 집 또는 열릴 수 있는 집이 되어야 자연과도 교감할 수 있다.

텃밭을 가꾸며 전원에 살다

노후와 관련된 키워드로 홀로, 친구, 일, 여행 다음으로 '텃밭'이 선정되었다는 기사를 읽었다. 재미있는 것은 텃밭에 대한 언급은 늘어난 반면 '시골'은 줄었다고 한다. 텃밭이 전원생활에 즐거움을 주는 장소임은 분명하지만 도시에서 태어나 일생을 도시에서 살아온 내가 밭을 가꿀 수 있을지 걱정부터 앞섰다.

텃밭을 일구어보려다 고생만 한 기억도 있다. 학교 근처에 직원 공동 텃밭을 마련했으니 원하는 사람은 가꾸어보라는 연락을 받았다. 퇴임을 앞둔 시점이라 망설이지 않고 신청했다. 그때 받은 면적이 10평이다. 그리 크다고 생각하지 않았는데 정작 뛰어들고 보니 내게는 많이 버거웠다. 부실한 노력 때문인지 수확이 신통치 않았다. 이런 기억 때문에 텃밭을 만들어야 할지 망설여졌다. 결국엔 손주들을 위해서 마당에 3평 정도의 아주 작은 텃밭을 만들어두었다.

작년 봄 손자들을 불러 한 칸씩 땅을 정해주고 모종을 나누어주니 정신없이 심는다. 손자들은 이곳에 오면 곧장 집 안으로 들어오지 않고 텃밭으로

먼저 간다. 텃밭에 모여 앉아 신기한 듯 곤충을 구경하는 손자들을 보노라면
보람을 느끼기도 한다.

전원 속에서 살기 위해선 제일 먼저 도시와 다른 밤에 익숙해져야 했다.
밤이 찾아오면 손전등 없이는 집 마당에 나가는 것도 어렵다. 새삼 대낮처럼
밝은 도시의 밤을 생각하게 된다. 도시에서는 어디든 가급적 환하게 가로등
을 켜놓는다. 가로등과 집 안에서 나오는 불빛 때문에 밤이 되어도 달과 별

이 잘 보이지 않는다.

그러나 전원의 밤하늘은 아주 다르다. 공기도 깨끗하지만 주변이 깜깜하기 때문이다. 어둠에 깔린 전원에서는 새소리나 곤충 소리가 더 크게 들리는 듯하다. 자연의 소리가 깃든 깜깜한 전원의 밤에는 평소보다 깊이 잠든다.

밤이 가고 먼 산 하늘이 붉게 물드는 아침이 오면 전원은 새로운 세상이 된다. 도시에서는 접하기 어려운 새소리에 귀도 호강한다. 새마다 다니는 길이 다르다는 것도 전원에서 생활하며 알게 되었다. 빗소리마저 새로운 데가 있다. 내부 마무리 공사가 한창인데 갑자기 소나기가 왔다. 서재 층에 있던 집사람이 갑자기 소리를 들어보란다. 외부 징크 면에 떨어지는 빗소리가 제법 또렷이 들렸다. 투두둑 비 떨어지는 소리를 정말로 오랜만에 들어보는 것 같다. 새삼 자연이 전해주는 소리를 잊고 지내온 세월에 아쉬움이 더해진다.

전원에 나오면 대부분 물이 있는 수 경관을 찾으려 한다. 선비들이 전원에 별서를 지을 때 물을 바라볼 수 있는지 여부를 매우 중요하게 생각했던 것과도 같다. 물이 주는 힐링 효과 때문일 것이다. 집 안에서 바라보는 청평호는 언제나 평안함을 준다. 바라보는 물 외에도 좌청룡 우백호가 있어 자연 지세의 국局이 조성되는 곳을 길지로 여기는 이유는 산에 둘러싸인 아늑한 공간 때문이기도 하지만 보통 그 기슭에 작은 개울물이 흐르기 때문이다. 흐르는 물을 오가며 볼 수 있다는 것은 전원생활의 커다란 즐거움이다.

경관으로서의 물도 중요하지만 지하수를 얻을 수 있는지도 꼭 확인해야 한다. 의외로 지하수를 얻기 어려운 곳이 많기 때문이다. 같은 필지 안에서도 약간의 거리를 두고 성공과 실패가 엇갈리기도 한다. 우리도 암반을 뚫고 겨우 물을 얻었다. 전원에 나와서는 맑은 물과 신선한 공기를 마실 수 있다는 게 삶에 얼마나 귀중한 것인가 느끼며 살고 있다. 새삼 인간은 자연으로 돌아갈 운명을 진 존재임을 깨닫는다. 작년 봄 지하 전실에 알을 낳아 새끼를 키워 데리고 나간 곤줄박이가 다시 와 잠시라도 한 가족으로 지낼 수 있기를 기다리며….

집을 기록하다

수헌정을 다 짓고 오픈하우스 행사를 열었다. 집을 짓는 동안 도움 주신 분들이 많아 그분들에게 고마운 마음을 전하고자 준비한 행사였다. 의외로 참석 인원이 많아졌다. 실내에서는 건축가가 집 짓기 과정에 대해 프레젠테이션을 하고 마당과 대청마루에서는 자연스럽게 파티가 이어졌다. 즐겁게 담소를 나눈 후 모두들 돌아갔다. 경황이 없어 방명록도 놓아두지 못했다. 큰 실수였다. 집의 역사를 남기겠다고 하면서 오픈하우스 기록이 없다니. 얼른 방명록부터 사놓았다. 이후부터는 손님이 오실 때마다 방명록에 필체를 남겨달라고 부탁드린다. 앞 장에 남겨진 흔적이 뒷사람에게는 무언의 '압력'이 되고 있다. 처음에는 조금 겸연쩍기도 했지만 이제는 꼭 권유한다. 외국인도 예외는 아니다. 그만큼 집의 이야기가 쌓이는 듯하다. 손님이 오면 방명록을 보며 사람 이야기, 세상 사는 이야기를 이어가는 즐거움도 있다.

집의 역사를 남기려는 것은 집이 하나의 '생명체' 같다는 생각을 오래전부터 해왔기 때문이다. 갓 지어진 건물은 이야깃거리가 많지 않지만 시간이 50년이나 100년쯤 흘렀다고 가정해보라. 지나온 오랜 세월의 풍상을 증언해줄 수 있지 않을까. 그 기간 동안의 용도나 손님들의 이야기를 모은다면 매우 흥미로운 자료가 될 것이다. 그렇다면 집의 역사를 남기기 위해서는 어떤 기록물에 관심을 가져야 할까. 집을 구상하고 계획한 단계에서 고민한 내용을 담은 글이나 스케치, 모형 등은 모두 나름의 의미가 있을 것이다. 공사 과정을 찍은 사진이나 공사비 관련 내용은 집을 지으려는 사람들에게 언제나 귀를 솔깃하게 하는 소재이기도 하다.

손님 중 누군가는 집을 그려주었고, 야경 사진을 찍어주었고, 서예 작품을 써주기도 했다. 하나같이 정성이 가득한 것들이라 나에게는 귀중한 작품과 다름없다. 이것 또한 수헌정을 설명하는 이야깃거리라 생각하여 모아두고 있다. 감사하게도 집이 완공된 후 매스컴을 통해 여러 차례 소개되어 기록물이 차곡차곡 쌓여가고 있다. 심지어 인터넷 기사에 달린 악성 댓글까지도 기록으로 남겨두고 싶다. 처음에는 악성 댓글에 화가 났지만 시간이 지나서인지 이제는 웃을 수 있는 여유가 생겼다.

무엇보다도 이 공간이 어떻게 사용되고 있는지에 관한 기록을 꾸준히 남겨보고 싶다. 집이란 사적 공간이기에 개인의 생활도 중요하지만, 알파하우스를 지은 목적이 지인들과의 교류와 함께하는 문화 활동이라면 그 공간 속에서 일어난 사회적 활동의 기록은 훨씬 더 큰 의미가 있다고 본다. 이렇게 긴 호흡으로 집의 기록을 남겨보려고 한다. 기록이 꾸준히 이어져 작게나마 집의 역사가 되기를 희망한다. 수헌정에는 성스러운 공간이 아직 미완의 과제로 남아 있다. 이곳에 집과 관련된 기록물을 남겨두면 어떨까 생각한다.

수헌정에서 여러 사람들과 만날수록, 새로운 공간 속에서 어떻게 어울리며 지내야 하는지에 대해서는 아직은 서로 서툴다는 생각을 자주 한다. 공유한 취미나 활동이 빈약해서다. 수헌정에 '어떻게' 다양한 활동을 함께 담아갈 수 있을지 즐거운 고민을 해본다. 이제부터라도 친구들과 함께 한여름 달 밝은 밤에 창을 듣거나 시조를 읊는 시간을 가져보려는 것은 너무 요원한 꿈일까.

건축가 신선 선생의 방문 기록

Alpha House

에필로그

아버지의 이야기

일하면서 쉬고 또 쉬면서 일할 수 있는 공간을 전원에 마련했다. 오랫동안 아파트에서 생활해왔기에 사는 데 크게 불편함은 없었다. 그러나 정년 후 하고 싶은 연구를 하고 친지들을 만나 휴식의 시간을 갖기에 도시의 아파트는 어딘지 부족하다는 생각이 들었다.

처음부터 알파하우스를 염두에 두고 대지를 구입해 집을 지은 것은 아니다. 처음에는 남들처럼 아파트에서 벗어나 전원에 집을 한 채 짓고 싶은 마음뿐이었다. 이런 꿈을 갖고 있던 차에 근 20년 전 동호인들이 모인 자리에서 땅 사는 분위기에 휩쓸려 어느 날 갑자기 대지를 매입하게 된 것이다. 아이들이 학교에 다닐 때라 언젠가 도시의 아파트를 처분하고 '저 푸른 초원 위에 그림 같은 집'을 짓기를 꿈꾸고 있었다. 아이들이 대학을 가면 교육 문제로부터 자유로워지니 전원으로 근거지를 옮겨도 될 것 같았다. 그러나 대지를 매입하고 이듬해에 IMF가 터졌다. 당시 집을 새로 짓는다는 것은 무모한 일이었고 세월이 가며 점차 잊기 시작했다.

그렇게 10여 년의 세월을 보내며 우리 가족에도 많은 변화가 있었다. 오랫동안 함께 살 줄 알았던 자식들이 대학을 마친 후 모두 출가한 것이다. 어느 덧 부부 둘만이 아파트에 남았다. 정년퇴직을 앞두고 집 짓기에 다시 관심을 갖게 되었다. 퇴직하면 연구도 하겠지만 쉬면서 소일하는 공간이 필요할 것 같은데 어떻게 할지 고민이었다. 이런저런 방안을 두고 고민할 때 건축을 공부한 아들이 청평의 대지에 집을 지어보면 어떻겠냐고 제안했다. 전원주택과 요트는 모든 남성들의 로망이기는 하지만 유지하기 어렵다는 것도 익히 알고 있었다.

짓느냐 마느냐를 두고 다시 고민에 빠졌으나 다행히 계획안이 제법 흥미로워 짓는 쪽으로 마음을 굳히게 되었다. 꿈꾸던 주택을 직접 지어보고 또 살아가며 느끼는 고민의 단편들도 함께 남겨보고 싶었다. 우리는 오랜 역사에도 집을 지은 철학이나 사상이 남겨진 자료는 많지는 않다. 이번에 집을 지어보며 관련 기록을 남겨보리라 마음먹었다.

그래서인지 살림용 주택으로 짓는 것은 처음부터 매력이 없었다. 새로운 가능성을 찾아내기 위해 어떤 공간이 필요할지부터 생각하기 시작했다. 부부가 연구실로 쓰기도 하지만 학생들이나 친구들 또는 전문가들이 모여서 세미나도 열고 문화 활동도 할 수 있는 자연 속 공간이기를 바랐다. 전원에 마련한 홈오피스지만 문화 활동과 힐링이 가능한 그런 공간 말이다. 뚜렷한 목적을 안고 집을 구상하며 또 그 공간 하나하나의 의미에 대해서도 다시 생각해보았다. 이런 검토 단계를 거쳤기에 여러 개의 침실을 만드는 대신 하나의 커다란 공간을 마련하는 과감한 선택을 하게 된 것이다.

Alpha House

집의 성격이 정해진 후 공간 계획은 비교적 빠르게 진행되었다. 동일한 대지 위에 살림집 형식으로 여러 번 계획 대안을 만들어보았기 때문이다. 미래지향적이며 아방가르드적 시도가 엿보이는 실험적인 작품을 최종안으로 골랐다. 보통의 건축주라면 채택하기 쉽지 않은 공간과 형태의 집이었다. 비주얼에서부터 방문자의 시선을 끄는 게 알파하우스의 공공적 측면을 생각할 때 유리하지 않을까 상상하며 말이다.

부자가 아이디어 차원에서 동의했다고 하더라도 공간을 구상하면서 서로 부딪치는 일도 많았다. 내부 공간에 대한 시각에서도 디지털 세대인 아들과 아날로그 세대인 나 사이에 차이가 드러났다. 우리 주거 공간의 역사와 진화 과정을 이해하며 결정하는 게 무척 중요한 일이란 생각이 들었다. 건축가는 젊은 세대라 입식 생활을 당연시했지만 나에게는 아직도 좌식 생활에 대한 향수가 남아 있었다. '건축적 공간'을 추구해보려는 건축가의 마음을 모르는 건 아니지만 내가 건축주가 되어보니 현실적 여건과 '관리 문제'를 강조할 수밖에 없었다.

이 집은 우리 부부만의 공간이 아니라 자녀 세대에까지 이어져 손주들과 함께 사용되기를 바랐다. 단계마다 적지 않은 갈등이 있었지만 지나고 보니 대부분 좋은 쪽으로 결정이 났다. 좋은 집이란 어떻게 보면 가족들의 참여로 만들어지는 것 같다.

부자 간에 머리를 맞대고 집을 지은 이야기는 흔치 않은 것 같다. 같이 시작했다가 어려움만 커졌다는 이야기는 많이 들었다. 서로에게 만족스런 안이 되려면 계획과 설계에 더 많은 시간을 투자해야 하기 때문에 결코 쉬운 일은 아니다. 건축주와 건축가 모두 처음으로 자기 집을 짓는 터라 탐구적 자세로 조심스레 접근한 게 오히려 좋은 결과로 이어진 것 같기도 하다. 아내의 역할도 매우 컸다. 갈등이 생길 때마다 아들과 나 사이를 중재하며 일반인의 시각에서 의견을 내주었다.

집을 완공한 후 머물면서 많은 것을 느끼고 있다. 아직 살림은 서울의 아파트에서 하고, 이 집은 연구실로 사용하고 있다. 물론 날씨가 좋은 날이면 자주 와서 머물기도 한다. 얼마 있으면 살고 있는 아파트가 재건축에 들어간다고 하니 그때쯤이면 아예 이곳으로 이주하지 않을까.

그동안 수헌정에서는 행사가 많았다. 외부에 개방하는 집으로 처음부터 생각해서인지 특별히 거부감도 없었다. 여러 사람들이 방문하다 보니 공간을 매개로 또 다른 모임이 만들어지기까지 한다. 얼마 전에는 '수헌정 인문학 아카데미'라는 모임까지 결성되었다. 떡 본 김에 제사 지낸다는 말은 이럴 때 하는 모양이다. 시내의 음식점에서 만날 때보다는 서로 쉽게 친해지는 느낌이 든다. 모임을 준비하고 뒤치다꺼리까지 하려면 힘들기도 하지만 즐거움이 더 크다.

수헌정을 방문한 이태리 건축가는 중세 이후 이태리 도시 주변의 빌라에서 여러 분야 전문가들이 어울리며 문화와 예술에 대한 담소를 나누었다고 일러줬다. 빌라를 중심으로 전개된 활동들이 이태리 르네상스의 밑거름이 됐다고 한다. 이태리에서는 이런 빌라를 '문화 활동을 위한 공장Factory of

Culture'으로 불렀다고 한다.

전원 속에서 일과 휴식을 꿈꾸는 사람들에게 알파하우스를 지은 이야기가 작게나마 도움이 되기를 바란다. 아파트를 떠나 자신의 일이나 취미와 관련이 있는 알파공간을 전원에 만드는 건 이제 우리 사회에서 자연스럽게 일어나야 하는 현상이다. 그래야 비로소 우리도 삶도 질적으로 풍성해지리라 생각한다. 남이 만들어준 아파트 공간에서 벗어나 가족의 개성을 담은 알파하우스에서 생활하며 새로운 '르네상스'를 만들어가는 것은 지나친 바람일까.

아들의 이야기

수헌정 혹은 Leaning House는 나에게 여러 의미가 있다. 한국에 지은 첫 작품이자 아버지와 함께 고민하고 싸워가며 지었고, 함께 책을 쓸 수 있는 계기를 만들어준 작품이기 때문이다. 게다가 근 20년 동안 지어지지 않을 프로젝트라고 생각하던 것이 완성됐다는 게 여전히 믿어지지 않기도 한다. 1996년쯤으로 기억한다. 아버지를 따라 온 가족이 청평의 땅을 보러 갔었다. 아직도 그 설렘이 어렴풋이 생각난다. 우리도 영화나 텔레비전에서나 보던 별장을 갖는가 싶어 들떴었다.

하지만 그 설렘은 오래가지 못했다. 군대 가기 전 한창 놀러 다니기 바쁜 대학 1, 2학년 시절에 아버지는 주말만 되면 청평의 대지를 보러 가자 하셨다. 가봐야 달라진 것도 없고 당시에는 도로 사정도 좋지 않아 시간이 오래 걸렸다. 대지만 보고 오는 것이 몇 년이 되자 별장의 꿈은 자연스레 사라졌고, 방문의 유일한 낙은 오는 길에 먹는 보리밥이나 매운탕뿐이었다.

그러다 아버지께서 정년을 맞이하면서 또 내가 개인 설계사무소를 시작하면서 전환점을 맞이하게 되었다. 타이밍이 잘 맞아떨어져서 프로젝트를 시작했지만 시작과 동시에 고난이 따라왔다. 그동안 운이 좋았는지는 모르겠지만 개인 설계사무소를 열고 지금까지 늘 좋은 건축주를 만났다. 아버지가 나쁜 건축주였다는 말은 아니다. 다만 상대적으로 의견 충돌이 잦았다. '건축주, 갑, 건축과 교수, 기성세대, 합리적'으로 요약되는 아버지와 '건축가, 을, 실무자, 젊은 세대, 개념적'으로 요약되는 나. 누가 봐도 상반될 수밖에 없는 관계이기는 했다.

지금은 웃으며 이야기하지만 설계 과정 중 생긴 충돌 때문에 밤잠을 못 이룬 날들이 얼마나 많았는지 셀 수도 없다. 아마 아버지도 마음고생이 심하셨으리라. 부자지간이 깨질 정도로 싸울 바에는 차라리 집을 짓지 말라고 어머니가 몇 번이나 말하셨으니, 얼마나 의견 충돌이 많았는지는 쉽게 그려질 것이다.

나는 되도록이면 건축 설계의 개념을 지키려 했다. 아버지는 큰 틀에서는 내 의도를 수용하셨지만 그것 때문에 합리적인 공간을 타협하고 싶어 하지는 않으셨다. 문제는 여타 건축주와는 다르게 건축 역사와 이론을 들어가며 대응하였다는 점이다. 나로선 당해낼 재간이 없었다. 아버지는 30년 넘게 건축을 가르친 분이다. 어떤 대응이 가능했겠는가.

또 다른 문제는, 아버지가 건축주이자 건축가의 역할을 담당했다는 점이다. 직업, 위치, 상황 등 그 모든 정황상 아버지 역시 건축가로서 참여할 수밖에 없었다. 그러다 보니, 디자인의 결정권자(건축주로서가 아니라 건축가로서의 결정권자)가 누구인지 애매해지는 상황이 발생했다. 건축 실무에 있는 분들이라면 얼마나 난감한 상황인지 잘 이해할 것이다. 결재권자가 느닷없이 나타나 디자인을 뒤바꾸는 상황이 오면 디자인은 산으로 갈 수밖에 없다. 수헌정 프로젝트를 하면서 디자인이 산으로 가지 않게 하기 위해 (비록 디자인 자체는 산으로 가는 형상이지만) 어마어마한 충돌을 감수해야만 했다.

물론 결과론적인 이야기지만 이러한 충돌을 아버지나 나나 감수해냈기에 더 좋은 공간, 더 훌륭한 작품을 만들어낼 수 있었던 것이 아닐까 한다. '건축주가 훌륭해야 좋은 건축이 나온다.' 건축계에 불문율처럼 내려오는 이야기다. 그리고 건축가 대부분이 동의하듯, 늘 'Yes'만 하는 건축주가 훌륭한 건축주는 아니다. 자신의 의견과 요구 사항이 무엇인지 명확하게 주장하면서, 수용할 때는 합리적으로 수용하는 이가 훌륭한 건축주인 듯하다.

건축가 역시 마찬가지다. 늘 건축주의 요구 사항에 'Yes'만 한다고 해서 좋은 건축이 나올 리 만무하다. 훌륭한 작품은 아니더라도 건축주가 만족하는 건축은 나오지 않겠느냐고 반문할 수 있겠지만, 주변의 사례들을 보면 그렇지 못한 경우가 더 많아 보인다. 건축가로서의 전문성을 갖고 건축주에게 무엇을 제안하는 것이 아니라 고객의 입맛에 맞추는 데만 신경 쓰기 때문이다.

건축계에는 대를 거쳐 업계에 종사하는 2대, 3대 건축가들이 종종 보이는데, 의외로 함께 작업하는 경우는 드물다. 어떤 상황이 닥칠지 그들도 예상한 것이리라. 대학원 친구 중에 아버지가 건축가인 인도 친구가 있었는데, 그 친구 역시 아버지와 함께 작업하는 일은 절대 없을 거라고 했다. 너무 다른 디자인을 추구하기 때문이라고. 현명한 친구였다. 아무튼 여러 어려움을 넘기고 아버지와 함께 책을 쓰고 있으니, 이만하면 해피엔딩이 아닐까 싶다.

처음 책을 구상할 때는 수헌정을 사례로 집 짓기에 필요한 정보를 제공 하고자 했다. 하지만 이 생각은 초기에 접게 되었는데, 이미 많은 책들이 비슷한 내용을 상세히 다루고 있기도 했고, 우리 부자가 잘할 수 있는 부분이라고 생각되지도 않았다. 당장에 도움은 되지 않더라도, 독자들이 새로운 공간에 대한 가능성을 모색할 수 있도록 돕는 '선언적'인 책을 만들고 싶었다. 그리고 수헌정이 알파하우스의 사례로 사용될 수 있지 않을까 생각한 것이다. 지금 글을 쓰고 있는 시점에도 20명에 가까운 동호인들이 수헌정에서 시간을 보내고 있는데, 이는 수헌정이기 때문에 가능했으리라고 본다.

100세 시대를 맞아 기존과는 다른 관점에서 풀어가야 할 분야가 산적해 있다. 주택 역시 해당한다. 앞으로 도시에서 나고 자란 노인의 비율이 점점 높아질 것이다. 병원이나 대중교통 등 기반 시설의 접근성을 고려하더라도 노년층이 도시의 삶을 포기하기는 쉽지 않다. 미국에서는 아이들 교육 때문에 교외의 큰 집에서 살다 자녀가 출가한 이후 집을 처분하고 도시의 아파트로 회귀하는 경우가 많다. 결국 노년층으로 갈수록 다시 주거 환경이 콤팩트해진다는 이야기인데, 청년 때의 콤팩트와는 다를 수밖에 없다. 주된 활동이 다르기 때문이다. 노년층은 직장이나 학교에 얽매일 필요가 없다. 때문에 도시 내 콤팩트한 주거 공간과 더불어 제3의 공간이 필요한 것이다. 다른 사람들과 함께 공유할 수 있는 공간은 분명 삶을 더 풍요롭게 만들어줄 것이다. 제3의 공간인 알파공간이나 알파하우스가 클 이유도 주거 공간에서 멀리 떨어져 있을 필요도 없다.

실제로 수헌정을 완공한 이후 부모님의 삶의 방식이 바뀌었다. 여유가 생긴 것이다. 단순히 은퇴 후 시간이 많아져서 그런 것이 아니다. 부모님 모두 워커홀릭에 가까운 분들이라 시간이 많아졌다고 해서 자연히 여유 있게 지내실 리 없다. 한데 수헌정이라는 제3의 공간이 생기니 그곳에서 친구 분들을 만나시고, 가벼운 워크샵도 하시고, 손주들과 함께 시간을 보내신다. 예전에는 아파트 단지 근처 카페에서 짧게 담소를 나누던 친구 분들과 이제는 수헌정에서 함께 음식을 만들어 드시며 주말 반나절을 보내신다. 거실에 장난감 깔아놓고 손주들과 몇 시간 놀아주던 게 전부였던 예전과는 다르게 이제는 수헌정에서 손주들과 함께 텃밭을 가꾸고 실컷 뛰놀게 한다. 우리 시대에 새로운 정자의 기능이 있다고 하면 혹은 필요하다고 하면 바로 이러한 공간이 아닐까.

기본 건축 정보

작 품 명	수헌정(樹軒亭)
계 획 및 설 계	PRAUD(임동우) + 산정종합건축사사무소
위 치	경기도 가평군 청평면 대성리
용 도	근린생활시설 / 홈오피스
대 지 면 적	484.0㎡
건 축 면 적	96.8㎡
연 면 적	127.9㎡
건 폐 율	19.98%
용 적 률	26.44%
규 모	지상 2층
구 조	철근콘크리트조
마 감	라인징크, 고밀도 목재패널
설 계 기 간	2012.2.~2013.10.
공 사 기 간	2013.10.~2014.7.
구 조	(주)공간엔지니어링
전 기	산정종합건축사사무소
기 계	산정종합건축사사무소
조 명	임창복 + 알토조명
조 경	임창복 + PRAUD
인 테 리 어	임창복 + PRAUD
주 방	한샘키친
시 공	(주)위빌
감 리	(주)삼희건축사사무소(오동준)